中国北方典型流域水质目标管理技术研究

解　莹　杨春生　王慧亮　闻建伟　编著

黄河水利出版社

·郑州·

图书在版编目(CIP)数据

中国北方典型流域水质目标管理技术研究/解莹等编著. —郑州:黄河水利出版社,2019.6

ISBN 978 - 7 - 5509 - 1953 - 2

Ⅰ.①中…　Ⅱ.①解…　Ⅲ.①流域 - 水质管理 - 研究 - 中国　Ⅳ.①X321

中国版本图书馆 CIP 数据核字(2019)第 108657 号

出　版　社:黄河水利出版社
　　　　　地址:河南省郑州市顺河路黄委会综合楼 14 层　邮政编码:450003
发行单位:黄河水利出版社
　　　　　发行部电话:0371 - 66026940、66020550、66028024、66022620(传真)
　　　　　E-mail:hhslcbs@ 126. com
承印单位:河南新华印刷集团有限公司
开本:850 mm × 1 168 mm　1/16
印张:11. 5
字数:206 千字　　　　　　　　　印数:1—1 000
版次:2019 年 6 月第 1 版　　　　　印次:2019 年 6 月第 1 次印刷

定价:39. 00 元

前　言

　　近年来,随着经济的快速增长,中国半干旱半湿润地区的大多数河流污染状况严重,水质超出中国地表水环境质量标准要求。目前,对半干旱半湿润地区河流水环境特征和水环境管理技术体系缺乏系统深入的研究,尚未建立相关水质目标管理监控体系,水质目标管理的研究多集中于重点流域的大尺度研究上,很少将工作分到具有可执行性的小尺度单元上,研究较为集中的需要数据量较多的机理性模型在中国应用效果不理想,而且相关研究较少考虑水量变动对污染负荷的影响,因此不能对污染物排放实施有效的监督管理,难以对其水环境进行有效保护。

　　本书针对目前研究中存在的问题,结合半干旱半湿润地区的特点,在"分区、分类、分级、分期"水环境管理理念指导下,以滦河流域为研究区,从水量、水质、水生生物、水土流失、土地利用等方面,分析滦河水生态环境现状和演变趋势,在此基础上对影响滦河流域水质的主要污染指标进行识别。建立控制单元分级划分体系,应用对数据要求较少的 SPARROW 模型和系统动力学模型对各控制单元中特定污染物的污染负荷进行模拟计算和情景分析;研究了控制单元的水环境容量计算方法和不同情景下的污染负荷削减方案,提出了滦河流域水质目标管理的对策建议,为保障滦河流域水生态系统健康,制订水污染防治的总体方案提供技术支持。

　　参与本书撰写的人员及具体分工如下:

　　第一章由解莹、杨春生、石维负责撰写;第二章由杨春生、王慧亮、李夏、方瑞负责撰写;第三章由王慧亮、闻建伟、柴成繁、张宇航负责编写;第四章由解莹、杨春生、杜新忠、李洋负责撰写;第五章由解莹、闻建伟、石维、李夏负责撰写;第六章由王慧亮、高志、李洋负责撰写;第七章由解莹、杨春生、高志负责撰写。

　　作者在完成本书的过程中参考了相关文献资料,也曾得到许多专家、学者和同行的帮助,在此一并表示感谢。同时要特别感谢中科院生态环境研究中心李叙勇研究员对本书的指导。本书的编写得到 2017ZX07301 - 003 项目资助。

作　者

2019 年 3 月

目　录

前　言
第1章　绪　论 ……………………………………………… (1)
　　1.1　研究背景和研究意义 …………………………… (1)
　　1.2　水污染物的水质目标管理研究进展 …………… (2)
　　1.3　水质目标管理基层控制单元划分的研究进展 …… (5)
　　1.4　污染负荷估算方法的研究进展 ………………… (6)
　　1.5　研究目标 …………………………………………… (9)
　　1.6　本研究拟解决的关键科学问题 ………………… (10)
第2章　研究方案与技术路线 …………………………… (11)
　　2.1　流域概况与研究方法 …………………………… (11)
　　2.2　研究内容与技术路线 …………………………… (19)
　　2.3　主要创新点 ……………………………………… (19)
第3章　滦河流域水生态状况调查与分析 …………… (21)
　　3.1　水量演变分析 …………………………………… (21)
　　3.2　河流水质调查与分析 …………………………… (26)
　　3.3　水生生物状况分析 ……………………………… (45)
　　3.4　水土流失状况分析 ……………………………… (54)
　　3.5　土地利用状况分析 ……………………………… (56)
第4章　滦河流域分级控制单元体系的构建及养分污染负荷研究 …… (59)
　　4.1　滦河流域分级控制单元体系的构建 …………… (59)
　　4.2　SPARROW 模型概述 …………………………… (62)
　　4.3　滦河流域养分污染负荷研究 …………………… (72)
第5章　滦河流域 COD 污染负荷研究 ………………… (91)
　　5.1　系统动力学方法简介 …………………………… (91)
　　5.2　Vensim 模型概述 ………………………………… (92)
　　5.3　构成水资源承载力各子系统的系统分析 ……… (93)
　　5.4　水资源承载力系统动力学模型的构建 ………… (95)

5.5　滦河流域 COD 负荷计算方案设计 ……………………（103）

5.6　五种方案下的滦河流域 COD 污染负荷计算 …………（104）

第 6 章　基于水质目标管理的污染负荷削减方案及对策 …………（122）

6.1　滦河流域水质目标确定与水环境容量核算 …………（122）

6.2　滦河流域总氮污染负荷削减分配方案的制订 ………（132）

6.3　滦河流域 COD 污染负荷削减分配方案的制订 ………（145）

6.4　基于水质目标管理的对策 ……………………………（165）

第 7 章　结论与展望 ……………………………………………（169）

7.1　主要结论 ………………………………………………（169）

7.2　问题与展望 ……………………………………………（170）

参考文献 ……………………………………………………………（172）

第1章　绪　论

1.1　研究背景和研究意义

近年来,随着我国社会经济的快速发展、城市化的加剧、人口数量的急剧增加,以及水资源的过度消耗,大量工业废水和生活污水未经处理直接排入江、河、湖、海,致使水体水质日益恶化,水资源短缺进一步加剧,水质性缺水成为制约社会经济可持续发展和人民生活水平提高的重要因素(杨玲,2009)。因此,保护水资源,加强水污染控制、防治与管理刻不容缓。

滦河发源于河北省丰宁县巴颜图古尔山麓,流经坝上草原,穿过燕山山脉,于乐亭县流入渤海,全长 888 km,流域面积 44 750 km²。滦河流域处于渤海、东北和华北三大生态区交会处,蕴藏着丰富的水土资源和生物资源,区系组成复杂,生物种类中保护种类或具有重要价值的种类较多。然而,近年来,随着滦河的不断改道,滦河流域几经变迁,加之该地区开发力度不断加大,人类活动影响愈趋严重,自然生态环境越来越脆弱。滦河流域处于环渤海经济圈前沿,面向太平洋经济圈,内外交通便利,区位优势明显。而滦河流域存在的水污染问题和水量年内及年际分配不均的问题在半干旱半湿润地区普遍存在,具有典型的代表性。因此,从生态环境保护角度来看,研究滦河流域对半干旱半湿润地区的水污染防治和管理具有十分重要的意义。

目前,大多数西方发达国家都已针对本国水污染状况,建立了较为完善的可持续性的流域水资源－环境－生态的综合管理体制。如美国的 TMDL 计划、欧盟的《水框架指令》、日本东京湾、伊势湾及濑户内海等流域的总量控制计划等(罗阳,2010;史铁锤,2010)。我国近年来也开展了大量有关水功能区划、水资源承载力、水质模拟模型、总量控制、排污许可证等方面的研究(孟伟等,2007)。但相对于国外的水质管理技术,仍存在薄弱的地方,没有建立起流域各污染源对水环境的输入响应关系,对于"分区、分类、分级、分期"相关技术的研究相对匮乏,缺少相应的技术规范和水环境管理制度,水环境管理仍停留在"见污就治"的状态。因此,急需开展基于国外先进经验技术的、符合我国国情的水质管理技术研究,实现从目标总量控制向基于流域控制单元水质目标的总量控制技术的转变(孟伟 等,2007)。

流域水污染是社会经济发展、污染排放、气候及水资源循环系统变化等多因素共同作用的结果。为了实现对流域水污染问题的根本解决,必须从流域尺度出发,系统认识流域水环境系统特征,分析研究污染物排放与水环境质量的定量耦合和响应关系,揭示流域水污染形成机制与水环境演变规律,才能有效地抑制水污染恶化的趋势。因此,本书针对我国流域水环境管理中存在的突出问题,结合半干旱半湿润地区的特点,在"分区、分类、分级、分期"水环境管理理念指导下,以滦河流域为研究区,从水量、水质、水生生物、水土流失、土地利用等方面,分析滦河水生态环境现状和演变趋势,在此基础上对影响滦河流域水质的主要污染指标进行识别。构建流域控制单元多级划分体系,并对各控制单元特定污染物的污染负荷进行模拟计算和情景分析;研究了控制单元的水环境容量计算方法和不同情景下的污染负荷削减方案,提出了滦河流域水质目标管理的对策及建议,为保障滦河流域水生态系统健康,制订水质目标管理的总体方案提供技术支持。

1.2　水污染物的水质目标管理研究进展

污染物排放总量控制,又称污染物负荷总量控制,是指根据一个区域或特定地区(包括水环境污染严重的区域,或可能成为严重污染的区域及必须重点保护的区域等)的水环境现状和自净能力,考虑社会经济发展水平,科学合理地提出不同时期的水环境目标,依据环境质量标准,计算出研究区所允许的各类污染物的最大排放量,把污染物的排污总量控制在自然环境的承载能力(环境容量)的范围之内(王浩 等,2012)。污染物总量控制是20世纪70年代初发展起来的一种较先进的水环境保护管理方法,最初起源于日本和美国的水质规划,经过近半个世纪的发展和完善,已成为一种比较先进的水环境管理方法,在许多国家的应用中取得了显著的环境改善效果。

1.2.1　国外研究进展

日本从1971年开始水质总量控制方面的研究,其目的是改善水气环境质量。而首次提出"总量控制"这一概念,则是在1973年颁布的《濑户内海环境保护临时措施法》中,这一法案中设定了COD削减50%的目标(周密 等,1994)。1978年,该法修正案在国会通过,从而正式确立了总量控制措施的法律地位。1979年日本开始在东京湾、伊势湾和濑户内海实行第一次总量控制,1987 年、1991 年分别实行了第二次、第三次总量控制。从第三次总量控制开始,日本环境厅每隔四年执行新一轮的总量控制规划。日本总量控制体系的实施流程主要是由日本环境厅根据各地水体污染程度,对各水域的污染物削减进度和削减速率等基本问题做出规定,然后各地方政府据此进一步制订针对各种污染源的具体削减方案。由于采取了总量控制方法,日本 3 个海湾80% 以上的污染大户受到控制,水环境质量得到改善(王建、张金生,1981;朱连奇,1999)。

美国于 1972 年开始实行"最大日负荷总量"(Total Maximum Daily Loads,TMDL),并提出了总量分配的思想方法,其有效的执行手段为污染物排放许可证制度。TMDL 是指在满足水质标准的情况下,水体能够接受的某种污染物的最大日负荷量,它包括污染负荷在点源和非点源之间的分配;同时还要考虑安全余量(可允许污染负荷的不确定性)和季节性的变化,为采取有效措施使断面水质达到相应的水质标准提供了依据。TMDL 的具体实施主要分为以下几个步骤:第一步,调查分析水体目前水质状况,与水质标准进行对比,确定水体是否需要实施 TMDL,并对污染水体控制治理的先后顺序进行分析;第二步,制定 TMDL,主要包括筛选主要目标污染物、水体最大允许负荷的计算、入河的污染物总量计算、污染负荷的分配;第三步,执行 TMDL 计划;第四步,评估 TMDL 实施效果,主要采取的措施为实地监测。并且,美国从 1983 年开始正式立法,实施以水质限制为基点的污染物排放总量控制。之后又陆续开展了"季节总量控制"和"实时总量控制"。

20 世纪 70 年代以来,欧洲共同体相继出台了一系列的水政策,其目的是缓解、逐步停止并消除人类活动对水体的影响,保证民众和环境健康。而欧洲的总量控制大体经过了方法初现、限制控制、目标与限制结合控制三个阶段。2000 年《水框架指令》(WFD)的颁布实施标志着欧盟进入了综合和全方位管理的新阶段。该指令的主要特点有:①从流域区域尺度强调水管理要综合水资源量、水资源利用方式及价值、不同学科及专家意见、涉水立法、生态因素、治理措施、利益相关者意见和建议及不同层次决定等诸多要素,加强政策措施制定的透明度,鼓励公众参与,并给出流域水管理的基本步骤和程序;②总体目标是保护生态良好,进而从根本上满足动植物保护及水资源和环境的可持续利用;③该法令共包含 26 条和 11 个附件,明确了水资源及环境保护的目标,规定了各项任务的完成期限,对各项措施的实施方法给出了基础性的解释,为水环境及水资源的管理提供了一个基本框架,并要求各成员国及技术指导组报告各阶段的指令实施结果(王浩 等,2012)。

1.2.2　国内研究进展

　　我国的水质目标管理主要集中于水污染总量控制的研究上,而水污染物总量控制研究开始于 20 世纪 70 年代,以制定松花江生化需氧量(BOD)总量控制标准为先导进行了最早的探索和实践。早期研究侧重于水环境容量、污染负荷分配和水环境承载力的定量研究上;后又进行了以总量控制规划为基础的水环境功能区划和排污许可证发放等方面的研究,并在近海海域环境污染物自净能力和环境容量方面进行了有益的探索;这期间还开展了水质模型、水环境容量、排污许可证管理制度以及流域水污染防治综合规划等多项技术研究,将总量控制技术与水污染防治规划相结合,并在辽河、淮河、海河以及太湖、巢湖、滇池等重点流域开展了水环境容量的研究,从而逐步形成了以目标总量控制为主、容量总量与行业总量控制为辅的管理技术体系,为我国涵盖总量控制、排污许可证等环境管理基本制度的建立奠定了基础。我国从 20 世纪90 年代后期开始在水环境管理中应用总量控制技术。在实践和探索的过程中,我国出台了一系列水污染总量控制的相关规定与标准。水污染总量控制已逐步成为我国实施水环境管理的重要措施,并且在经过浓度控制、目标控制两个阶段之后,将逐步过渡进入容量总量控制阶段(王浩 等,2012)。

　　在总量控制的实施方面,我国也进行了大量的研究工作。如张天柱对区域水污染物排放总量控制的大系统理论模式进行了探讨,提出把水污染物排放总量控制作为一个涉及经济、法律、行政、技术等多方面综合的水环境管理体系;李嘉和张建高(2001、2002)充分考虑各污染源对容量资源的竞争,推导并建立排污量限制和排污浓度限制的协同模型。而近期总量控制的研究方向则主要集中在以下几个方面:①重点污染水域环境容量测算;②环境容量分配;③总量控制在管理过程中的有效实施等。

　　虽然目前我国对总量控制进行了大量研究,但在流域总量控制方面仍存在一些问题,主要有:①我国目前对国际上普遍采用的流域水环境“分区、分类、分级、分期”管理的关键技术还缺乏系统研究,还没有建立起相应的技术规范,更没有形成相应的水环境管理制度,污染防控与水质管理存在很大的盲目性。因此,需要针对不同污染物质和不同污染源制定不同的控制方法,针对不同功能的水体制定不同的水环境保护目标。②我国以往的水污染总量控制以目标总量控制为主,没有在真正意义上将污染物的排放量与水环境质量紧密联系起来,所以目标总量控制的目标只是总量的目标,而不是环境质量的目标。鉴于我国的环境管理政策已由以前的污染源管理转变为环境质量管理,目标总量控制已不能满足目前环境管理的需要。因此,应在借鉴国外先进经验的基础上,开展符合我国国情的水质目标管理技术研究,形成系统综合的污染治理方案和流域水环境综合管理技术体系,实现从目标总量控制向基于流域控制单元水质目标的容量总量控制技术的转变(张蕾,2012)。

1.3 水质目标管理基层控制单元划分的研究进展

控制单元由水域和陆域两部分组成,其中水域是根据受损水体的生态功能、水环境功能等,结合行政区划、水系特征等而划定的。控制单元的陆域为排入受纳水体所有污染源所处的空间范围。因此,控制单元使得复杂的流域系统性问题分解成相对独立的单元问题,通过解决各单元内水污染问题和处理好单元间关系,实现各单元的水质目标和流域水质目标,达到保护水体生态功能的目的(张鹤,2011)。

控制单元的概念最早来自美国的水质规划理论,流域控制单元的划分是在流域水生态功能分区的基础上实现的。按照该理论,美国水污染防治法规中分流域、区域、设施三个层次制定水质规划。根据气象、地质与地势条件的差异,使得水生态系统在不同空间区域的物种组成、优势种类以及健康标准上都表现出不同的性质。美国 EPA 一直倡导利用水文单元地图系统来解决复杂的水环境污染问题,根据此系统界定水质规划的地理范围。水文单元地图系统由美国地质勘测局绘制,实质上是识别不同等级流域的集水区,随着研究的深入以及地理信息系统技术的发展,美国联邦地理数据委员会在 2004 年公布了《描述水文单元边界的联邦标准》,建立了包括 6 个等级的流域边界数据库(WBD),为流域水质规划的制定提供了基础数据技术平台。水文单元地图系统采用 6 级分区体系,将全美划分为 21 个一级区(Region)、222 个二级区(Subregion)、352 个三级区(Basin)、2150 个四级区(Subbasin)以及大约 2.2万个五级区(Watershed)和 16 万个六级区(Subwatershed)。

目前,国内控制单元的划分大都以自然形成的流域对应的汇水区为基础进行。如深圳市水污染物总量控制研究中污染控制单元的划分是根据水系和对应的流域相对完整、水域功能和水质保护目标相同、行政区域划分相对统一、经济现状和发展水平相对一致的原则将深圳市划分为 10 个水污染控制单元(郭宏飞 等,2003)。吴群河(2005)基于综合整治区域的地形地貌以及地表水系,特别是地面标高以及内河涌结构及其集水范围,将广州市调查区域划分为 25 个污染控制单元。江苏省水污染控制单元的划定在《江苏省地表水

（环境）功能区划》的基础上进行（毛晓文,2005),污染控制单元的划定是对水功能区划的进一步细划。也有一些研究中的污染控制单元是基于行政区域进行划分,以行政区(县、区、市)等作为水环境功能区的排污控制单元。如乐山市水环境容量测算是以县域为基本范围,考虑污染物排放去向、入河排污口分布、城市管网布置等因素,结合对水环境功能区水质影响程度较大的主要污染源分析,确定影响水环境功能区水质的相应陆域范围,将水上水环境功能区和陆上污染源的汇流区包括在内,形成水陆衔接的控制单元,可以满足水陆输入响应、水质模拟和容量核定计算的基本需求。近年来,中国环境科学研究院按照河流生态学中的格局与尺度理论,对流域水生态分区的内涵进行辨析,从理论上对区划方法进行了研究,提出了基于水生态区的流域水环境管理技术支撑体系(孟伟 等,2007)。通过对案例区辽河流域自然要素及水生态特征的分析,构建了包括两级生态区的辽河流域水生态分区体系。其中,一级生态区根据流域水资源空间特征差异进行划分,其目的是反映大尺度水文格局对水生态系统的影响规律,二级生态区根据地貌、植被、土壤和土地利用等自然要素进行划分,目的是反映流域尺度的地形、地貌及植被对河流栖息地环境特征的影响。在 GIS 技术支持下,采用多指标叠加分析和专家判断方法,将辽河流域划分为 3 个一级区、14 个二级区,对不同分区的水生态系统特征及其所面临的生态环境问题进行了总结。对水生态分区在流域管理中的应用进行研究,提出了基于水生态区的环境管理技术支撑体系(孟伟 等,2007)。

控制单元作为水污染控制的基本单位,其尺度差异会影响目标水体问题的识别。美国 TMDL 技术导则建议,如果问题水体位于流域底部,如湖泊、水库等,应将整个目标水体视为一个 TMDL 控制单元;如果问题水体分布于整个流域,则需要将整个流域划分为更小的控制单元来进行研究,而不是将其视为一个集总的流域单元。因此,在实际研究中,需要以流域水环境生态区及其水质标准为依据,综合考虑流域下垫面状况、污染发生情况、监测数据完整状况以及计划制订成本等因素,对 TMDL 研究的空间单元进行具体划分(孟伟 等,2007)。

1.4　污染负荷估算方法的研究进展

污染负荷是指通过各种途径(点源和非点源)进入地表水体的污染物质的数量,即地表水体接纳的污染物负荷量。在进行河网水量、水质计算过程中,需要通过统计得到进入河网的污染负荷产生量,由于污染源种类和数量繁多,传统的统计方法需要耗费大量的时间进行污染负荷时空分配的计算;另外,相对于水量模型的计算结果而言,水质模型的计算值普遍与实测值有较大偏差,原因之一就是对污染负荷的时空变化没有做准确估算,引起水质偏微分方程中源项误差的产生。因此,有必要建立污染负荷模型对污染负荷总量的时空分配进行估算(张荣保,2005)。

1.4.1　国外研究进展

由于流域地表过程本身的复杂性,通过建立数学模型对流域尺度上的污染物产生和输移进行模拟及定量化具有重要的意义。国外已经开发了一系列的用来描述流域和地表水体中污染源与污染物输移的模型。这些模型根据其过程的复杂程度、模型应用的时空范围等对这些模型进行分类(Singh,1995)。水文过程和生物地球化学过程代表了模型的复杂程度或过程详情,复杂程度随着模型描述与估算方法而改变,具体包括"机制性的方法"和"统计性的/经验的方法"(见图 1-1)。所有模型都是基于上述方法的融合体,但大多数模型都会突出其中某一类型的模型结构及过程说明。

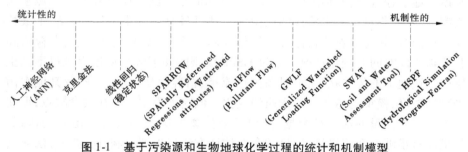

图 1-1　基于污染源和生物地球化学过程的统计和机制模型

通常来说,纯粹的统计模型结构简单,这些模型具有相互关联的数学结构,可以表达河流监测值与流域污染源及景观特征之间的简单的线性关系,这种方法通常被应用到大流域模拟中,并且可以对模型参数及预测值进行量化,但它的缺点就是极少关注影响污染物迁移的机制过程。然而,简单的相关关系方法缺乏对污染物来源及其迁移机制的解释。他们通常缺乏流域内污染源及河渠分布的空间详情,也基本上不说明污染源与污染物衰减过程之间的非线性关系,并且不以质量守恒来约束污染物的迁移过程。在人工神经网络和克里金法中都曾使用过最纯粹的统计方法,运用这些方法能与测量值吻合得很好,但其缺点是极少关注污染物迁移的机制过程。

而机制性水质模型则具有高度复杂的质量守恒结构,它能够在相对小的时间和空间尺度上模拟水文情况和污染物迁移过程。目前比较成熟的机制模型有 HSPF(Hydrologic Simulation Program Fortran)、SWAT(Soil and Water Assessment Tools)、INCA(Integrated Nutrients in Catchment)、AGNPS(Agriculture Non - point Source)等,这些模型的模块可以给出气候变化条件下有关污染物的负荷量。而 SWAT 和 HSPF 是两个最常用于大尺度流域范围的机制性水质模型。目前这些模型都隶属美国环境保护局 BASINS(Better Assessment Science Integrating Point and Nonpoint Sources)系统的一部分,并被用于研究 TMDL(Total Maximum Daily Loads)评价。水资源管理者经常需要用这些模型去处理应对不同的水质评估要求。SWAT 模型是由美国农业部开发的长时段流域分布式水文模型,可以模拟和预测不同管理措施与气候变化对水资源的影响,并能评价流域非点源污染(主要是氮、磷等营养物质的污染)。SWAT 是当今国际上应用最为广泛的非点源污染模型之一,但由于模型的计算是基于美国的水文数字曲线方法的,应用于其他国家时存在一定缺陷,最近美国康奈尔大学对 SWAT 模型进行了改进,提出了基于水量平衡的 SWAT 模型——SWAT - WB 模型,该模型是在 SWAT 模型基础上改进的,利用土壤水量平衡来模拟地表径流,而非传统的 CN 方法。HSPF 是美国环境署开发的流域水质模型,该模型集水量和水质连续模拟为一体,以温度、降雨、日照强度、土壤特性、土地利用状态和农业耕作方式等作为基本输入,模拟流域的水、颗粒物和其他物质随时间的变化情况。通过 HSPF 模型能够了解水从地表经过不同土壤层到达地下的传输状况,可以预测径流量、营养物质、化肥农药及其他水污染物的浓度,模拟河道水量及水质的变化。但这类模型也存在致命缺点,那就是模型需要大量的水资源数据,并要求对生物地球化学进程有足够的认识。如果没有足够的数据支持,模型的参数估计方法将受到限制,而这一方法对量化模型的不确定性是非常重要的。而且相关研究表明,当参数数量达到一定程度,模型的精度将趋于稳定,即模型精度达到一定高度后并不会因参数的增加而提高。近年来越来越多的人认识到使用相对简单的统计学模型所发挥的价值及作用,他们可以用来进行 TMDL 计划,以及调查流域内污染物的来源、迁移过程及最终去向。

在这种情况下,SPARROW(SPAtially Referenced Regressions On Watershed attributes)模型应运而生,该模型是美国地质调查局开发的经验统计和机制过程相结合的空间统计模型,用于定量描述流域及地表水体的污染物来源和迁移过程。模型中基于机制性的质量传输模块具体包括地表水流路径、衰减迁移过程、模型输入的质量守恒约束、污染物损失和模型输出。而模型的统计学特征则包括非线性参数估计方法,通过使河流水质记录数据与污染源地理信息数据、气候及水文地质特征进行空间相关从而估算模型参数。而其参数估计也保证了经校准的模型不会更复杂,为重点污染源评价及控制流域内大空间尺度上污染物迁移过程提供了一种客观的统计方法。与传统的统计学模型方法相比,SPARROW 模型已经显示了其在改进模型精度、提高模型参数可解释性及预测河流营养盐和污染源方面的功效。

1.4.2 国内研究进展

我国污染负荷研究始于 20 世纪 80 年代,这时的研究主要侧重于非点源污染宏观特征调查与经验统计模型的应用。20 世纪 80 年代到 90 年代之间建立的统计模型研究了土地利用方式与非点源污染的关系,同时引进了如 USLE、SCS 曲线方程等经验模型并对适用性进行了改善。但该时期的研究还主要停留在经验模型建立及对国外模型的探索性应用上。20 世纪 90 年代至今,一方面我国对产污机制与影响因素进行了较为深入的研究,得到了一些基于污染机制的非点源定量模型;一方面引进并改进国外成熟的非点源污染模型在国内推广。前者的代表模型主要有李怀恩等(1994)建立的基于流域汇流与非点源污染物迁移逆高斯分布瞬时单位线模型及流域产污过程模型,这主要是从国外模型对资料要求高,而国内资料条件差,研究基础薄弱的现状出发而提出的。此外还有郝芳华等(2006)提出的溶解态非点源污染的二元结构模型和龙天渝等(2009)构建的基于盲数理论的非点源吸附态磷污染负荷动态分布模型等。而引进国外成熟模型包括 AGNPS、SWAT、SHE,近期新引进了 HSPF、SWMM、CREAMS、GLEAMS 等模型。AGNPS 和 SWAT 则是国内运用较多的两种非点源污染模型。赵刚等(2002)将 AGNPS 模型与 GIS 技术结合,运用于云南省捞鱼河小流域试验区,并模拟评价了几种常用的土壤侵蚀控制措施的应用效果。胡远安等(2005)结合分散参数模型 SWAT 在芦溪小流域中的应用,讨论了连续模拟模型中水文模块的计算结果,并比较了该模型在对长期径流量和短期径流量的模拟结果的精确程度。万超和张思聪(2003)利用 SWAT 模型研究了潘家口水库非点源污染负荷和产出的特征,并对不同水平年非点源污染负荷进行了计算,分析了施肥对于非点源污染负荷的影响。

1.5 研究目标

结合半干旱半湿润地区中小尺度流域特点,根据基本污染控制单元的划分原则及方法,提出中小尺度流域的流域分级控制单元划分体系,建立多层次控制单元。以滦河流域为研究区域,全面调查流域水量、水质、水生生物、土地利用的现状和演变趋势,找出主要污染指标,遵循丰、平、枯年际变化及汛期、非汛期季节变化等的时间动态,应用 SPARROW 模型对流域养分污染负荷进行模拟计算,并应用系统动力学模型模拟 2011 ~ 2030 年不同情景下 COD 污染负荷。同时计算各控制单元水环境容量,基于 TMDL 模式,确定基于基层控制单元相应污染物的水环境容量和削减数量,以及制定具有实际可操作性的水质目标管理方案,以期为滦河流域社会经济发展规划提供切实有效的科学依据。

1.6 本研究拟解决的关键科学问题

(1)半干旱半湿润地区中小尺度水质目标管理基层单元的划分问题。

我国目前的研究多集中于重点流域的大尺度研究上,大尺度方案要求能够把握现象和系统的大致趋势;只有将这些工作分解到中小尺度上,才能对客观现象进行模拟,对具体决策起到实质性的作用。因此,应根据相关资料将流域划分成若干基层控制单元,在此基础上提出基于此控制单元的水环境容量总量控制方案。

(2)半干旱半湿润地区数据短缺情况下水质目标模型方法问题。

目前我国大都使用的是偏机制性的模型,而这类模型往往需要大量的数据支持,而在我国这种基础数据普遍缺乏的情况下,其模拟效果往往不能令人满意。

(3)半干旱半湿润地区水质目标管理的水文年际变化和季节变化问题。

干旱半干旱流域水文情况的特点是年际及年内各季节水量变动较大,而目前的研究往往忽略了这一点。

第 2 章　研究方案与技术路线

2.1　流域概况与研究方法

滦河流域位于华北平原东北部,地理坐标为北纬 39°10′~42°35′,东经 115°40′~119°20′,流域自西北至东南长 435 km,平均宽度 103 km(见图 2-1)。该流域发源于河北省丰宁县坝上骆驼沟乡小梁山南坡大古道沟,流经内蒙古、辽宁、河北三省(区)的 27 个县(市、旗),于河北省乐亭县兜网铺注入渤海。流域北部、东部以苏克斜鲁山、七老图山、努鲁尔虎山及松岭为界,与西拉木伦河、老哈河、大凌河、小凌河、洋河相邻,西南以燕山山脉为界,与潮白河、蓟运河相邻,南临渤海。滦河全长 888 km,流域面积 44 750 km²,其中山区占 98%,平原占 2%。

2.1.1　自然环境状况

根据 1956~2007 年水文系列资料评价成果(见图 2-2、图 2-3),滦河流域多年平均降水量 519.2 mm,地表水资源量 39.29 亿 m³,地下水资源量 19.40 亿 m³,水资源总量 43.71 亿 m³。按 2007 年人口计算,滦河流域人均水资源占有量为 855 m³,相当于全国平均水平的 39.8%;亩均水资源占有量 662 m³,相当于全国平均水平的 42.5%;人均水资源占有量低于国际公认的人均1 000 m³ 的紧缺标准,属重度缺水地区。

滦河流域水文气象条件主要呈现如下特征:①季风显著,四季分明。冬季天气寒冷、干燥、晴朗而少雨雪。坝上受西伯利亚冷空气的影响,多寒潮天气,有剧烈的降温和大风。夏季天气温热,湿润多雨,山区雷雨、冰雹较多。春季降雨少,空气干燥,多大风,形成风沙天气,坝上地区尤为严重。秋季天气晴朗少云,降雨减少,风力微弱。②降雨年际及年内分布不均。全流域平均年降水量在 390~800 mm。降水量年际变化大,差异悬殊。最丰年降水量是最枯年降水量的 1.7~3.5 倍。降水量的季节分配极不均匀,年内各月差异明显,夏季降水量集中,降水量在 200~560 mm,占全年降水量的 67%~76%。又以 7 月和 8 月最为集中,这两个月可占全年降水量的 50%~65%。③地区蒸发量差异较大。流域多年平均水面蒸发量为 950~1 150 mm。承德—平泉一线约

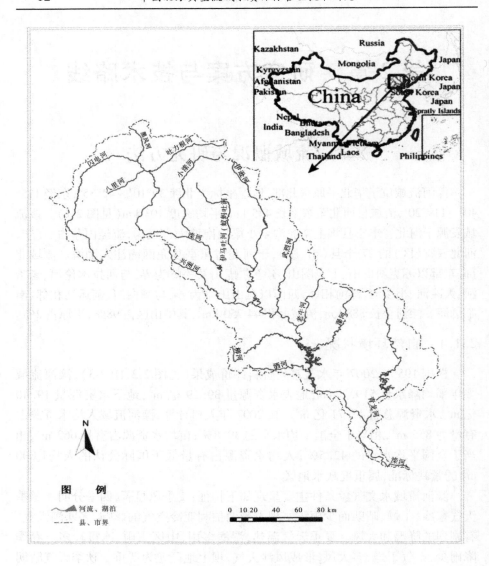

图 2-1　研究区位置图

1 150 mm,燕山迎风坡的迁安、迁西一带约 960 mm,高值区的承德地区,年蒸发量达 1 430 ~ 1 801 mm,低值区的御道口,年蒸发量只有 926 mm。陆面蒸发量,年均最大值出现在迁安、迁西一带,一般大于 600 mm,向南略减;向北减少较大,最小值出现在坝上地区,约为 400 mm。

　　滦河是一条多泥沙河流,大部分泥沙产生于汛期,主要来自高原、山区的

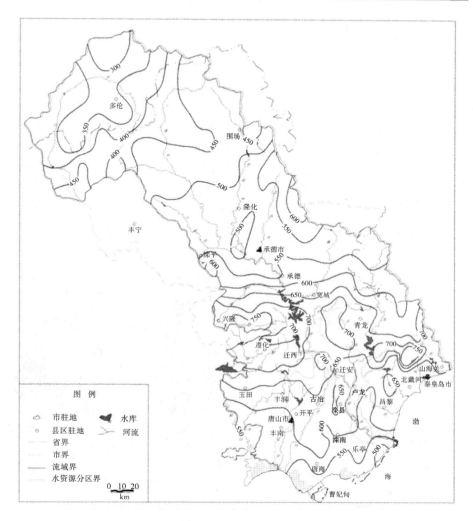

图 2-2　1956~2007 年多年平均降雨量等值线

（摘自《滦河流域水资源承载能力研究》专题报告）

冲刷侵蚀。潘家口、大黑汀水库修建前，山区产沙量几乎全部入海，这既是滦河三角洲增长较快的主要原因，也是平原河道冲淤变化大的重要因素。滦县水文站多年平均悬移质输沙量 1 960 万 t，多年平均含沙量 4.12 kg/m³。潘家口、大黑汀水库建成后，蓄浊供清使下游河道泥沙规律发生了较大变化，来沙量减少，而潘家口水库蓄水以来库区泥沙淤积超过 1 亿 m³。

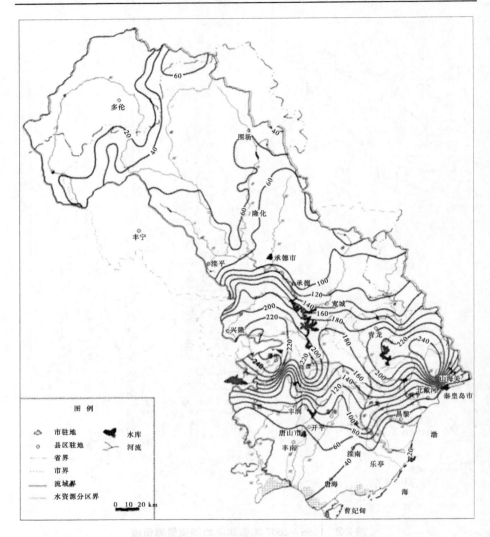

图 2-3　滦河流域 1956～2007 年多年平均径流深等值线

（摘自《滦河流域水资源承载能力研究》专题报告）

2.1.2　河流水系

滦河上游主河道迂回曲折。在上都河纳黑风河支流、在大河口纳吐力根河支流后，水流骤变、水量增加，而后进入中游河段。大河口至隆化县西屯为大滦河，河流由北向南后又向东，穿行在峡谷与山间盆地之间，此区间有小河流汇入。大滦河在郭家屯接纳小滦河后称滦河,河段两岸山地高耸、谷坡陡峻、水流湍急;河流在张百湾进入山间盆地,有兴洲河汇入后东流,在滦河镇有伊逊河汇入,滦河由此东流进入宽谷区;支流武烈河经承德市区于雹神庙汇入滦河,以下有白河、老牛河注入;而后流出下板城盆地;柳河汇入后河谷逐渐变窄,下游瀑河汇入后进入潘家口水库,此区间河道比降大,流速快。潘家口水库、大黑汀水库区间,有洒河注入。而后滦河先南流又折向东流,至罗家屯有长河和清河汇入后进入下游段。滦河中游段位于燕山山脉,降水量丰沛,是滦河的主要产流区。滦河自罗家屯进入下游段,进入迁安盆地,两岸为浅山丘陵地带,河谷展宽在 1 000 m 左右,在滦县石梯子有青龙河汇入,过京山铁路进入山前平原,至岩山有滦河下游灌区引水渠首工程,东南流经兜网铺入海。

滦河自坝上高原汇集燕山、七老图山、阴山东端水流,支流众多,水量丰沛。沿途汇入的常年有水支流约 500 条,其中河长 20 km 以上的一级支流 33 条,总长 2 402 km;二、三级支流 48 条,总长 1 522 km。在一级支流中,流域面积大于 1 000 km² 的河流有 10 条,即闪电河、小滦河、兴洲河、伊逊河、武烈河、老牛河、柳河、瀑河、洒河和青龙河(见表 2-1)。

表 2-1 滦河主要支流基本情况

河名	流域面积 (km²)	河长 (km)	起点	终点
闪电河	2 010	250	沽源县与丰宁县交界	多伦县大河口入滦河
小滦河	2 078	143	围场县西北塞罕南老岭西	隆化县郭家屯镇入滦河
兴洲河	1 966	113	丰宁县选将营子川杨树底下	滦平县张百湾镇入滦河
伊逊河	6 789	222.7	围场县台子水川三道窝铺	承德市滦河镇入滦河
武烈河	2 607	106.2	隆化县鹦鹉川娘娘庙北	承德市雹神庙入滦河
老牛河	1 684	71	承德县獾子沟	承德县下板城入滦河
柳河	1 192	130	兴隆县雾灵山八拨子岭西北麓	兴隆县柳河口入滦河
瀑河	1 987	147	平泉县安杖子分水岭	宽城县瀑河口入滦河
洒河	1 200	63	兴隆县东八品沟分水岭	迁西县洒河桥入滦河
青龙河	6 500	222	平泉县台头山	滦县石梯子入滦河

2.1.3   社会环境状况

滦河流域涉及河北省、内蒙古自治区和辽宁省 3 个省(区)的 27 个县(市、旗)。河北省包括承德市、唐山市、秦皇岛市、承德县、宽城县、兴隆县、隆化县、迁西县、迁安县、平泉县、滦平县、围场县、丰宁县、沽源县、滦县、滦南县、唐海县、乐亭县、抚宁县、青龙县、卢龙县和昌黎县,共 22 个县(市),内蒙古自治区包括多伦县、正蓝旗、太仆寺旗和克什克腾旗 4 个县(旗),此外还有辽宁省凌源市的一部分。

滦河流域在历史上就是多民族聚居的区域。据 2008 年年底的统计数据,流域总人口约 1 250 万人,其中流域中下游的唐山、承德和秦皇岛是人口聚集区,人口分别为 629 万人、290 万人和 286 万人。目前在该地区生活的民族共 20 多个,以汉族为主,少数民族中回族和满族人口最多,分布也最为广泛,为此还专门设立了宽城满族自治县和青龙回族自治县。

流域内,农业发展以种植业为主,林、牧、副、渔全面发展。流域内有耕地 1 400 多万亩,粮食作物、经济作物种类较为齐全,主要粮食作物有小麦、玉米、谷子、高粱、薯类、水稻和豆类等,经济作物有棉花、花生、胡麻、甜菜等,迁西县还是我国著名的板栗产区。

滦河流域经济比较发达,但地区间经济发展不平衡。内蒙古自治区、辽宁省和河北省的张家口市地处滦河流域上游,社会经济以农牧业和旅游为主,经济相对落后,地区生产总值仅占滦河流域地区生产总值的 1.1%,河北省的承德市、唐山市和秦皇岛市地处滦河流域中下游,农业资源和工业资源比较丰富,经济基础雄厚,地区生产总值达 3 615.86 亿元,占滦河流域地区生产总值的 98.9%。以钒钛为主的稀贵金属合金制品业与以清洁能源为主的电力产业是承德加速打造河北北厢经济增长极的两大战略支柱产业。而流域内的唐山市北依燕山,南邻渤海,西与北京、天津毗邻,东与秦皇岛市接壤,是连接东北、华北两大地区的重要走廊,也是我国一个重要的沿海港口城市,区域战略位置十分重要。精品钢铁、装备制造、综合化工、高新技术、新型建材等是唐山的支柱产业,2010 年唐山市完成地区总产值 4 469 亿元,同比增长达到 13.1%,成为河北省的经济中心,被评为中国未来最具有发展前景的城市之一。秦皇岛市位于环渤海经济圈的中心地带,也是我国东北、华北两大经济区的综合部,区位优势显著。区域内交通便利,具有丰富的矿产资源和旅游资源。

滦河旅游资源比较丰富,内蒙古自治区的锡林郭勒盟和河北省的张家口市,是一个以蒙古族为主体的多民族聚居区,文化底蕴深厚,人文自然景观独特,草原风光秀丽宜人。承德市历史文化悠久,文物古迹众多,自然风光秀丽,民俗风情独特,旅游资源得天独厚,同时具有皇家、民族和生态三大特色,以"紫塞明珠"的美称而扬名于天下,1994 年 12 月避暑山庄及周围寺庙被联合国教科文组织列入《世界遗产名录》。地处渤海之滨的唐山市和秦皇岛市旅游产业也蓬勃发展,秦皇岛市更是全国闻名的旅游胜地。

2.1.4　存在的主要环境问题

近年来,流域内经济迅猛发展,随之而来的是滦河流域的生态环境受到严重破坏,水质恶化、河道断流、生物多样性丧失、上游植被破坏、水土流失严重。主要表现在以下几方面:

(1)水质污染严重。滦河流域的河流多属于季节性河流,年际变化大,丰枯相差 1.7 ~ 3.5 倍,枯水期和平水期无水或水量很少,难以保证河流的生态用水。加之农业用水浪费严重,工业耗水量大,排污量高,未经处理的工业、生活污水排入地表水,直接进入河道,致使河道内水质污染严重,很多河流成了排污河。据河流水质现状评价,滦河在滦县测站测得挥发酚、氨氮的超标倍数已达《地表水环境质量标准》(GB 3838—2002)规定的 16 倍多,属于严重污染河流。尽管如此,这些污水仍用于农业灌溉,污水渗漏造成浅层地下水污染,给人民群众的生活造成了严重影响。

(2)地下水超采,水位下降。近年来,随着经济的迅猛发展,加之滦河流域连年干旱,滦河流域遭遇了空前的水资源危机。一度出现了潘家口、大黑汀、桃林口三大水库蓄水不足,出现了动用死库容,弃农业、保城市的严重局面。自潘家口、大黑汀、桃林口 3 座水库建成以来,水库以下河道在非供水期全部断流,河道断流使水生动植物失去生存条件,大量水生生物绝迹。河道失去自净能力,自然水成为污水,加剧了水生态环境的恶化。由于地表水资源极为短缺,水资源供需矛盾日益突出。为满足日益增长的用水需求,地下水开采量稳定增长。唐山漏斗中心埋深已从 1961 年的 1.24 m 降到目前的 76.26 m。因地下水过量开采,洋河、戴河、汤河等冲积扇出现海水入侵,形成面积为 27 km^2 的海侵区,其中枣园一带占 20 km^2,造成抚宁县枣园水源地逐渐报废。

(3)生物、渔业资源锐减。滦河在河北省乐亭县兜网铺入海,滦河河口为自然河口,是环渤海湾沿岸较大的河流入海口。近年来,滦河入海水量逐渐减少,由 20 世纪 50 年代的 69.1 亿 m^3 减至 90 年代的 22.53 亿 m^3;加之种植业、海洋养殖业和捕捞业的影响,极大地破坏了原有的湿地生态系统,各种鸟类大大减少。耐盐碱植物已基本形不成群落。渔业资源急剧衰退,虾、蟹、贝等海洋生物近海已几近绝迹。河口渔场外移,捕捞量下降。

(4)河道开发利用不合理。滦河上游由于过度毁林毁草、开荒、乱砍乱伐、过度放牧等许多不合理的人为活动,使植被覆盖率下降、土地沙化,造成严重的水土流失,成了京津地区沙尘天气的增补沙源。滦河流域潘家口水库上游被列为4大片国家级水土保持重点防治区之一。目前滦河流域水土流失面积已达 1.99 万 km², 年流失土壤约 6 000 万 t。而且滦河下游河滩地植树现象较为严重,成片的树木在起到防风固沙作用的同时也导致了河滩地抬高、河道过流断面变窄,从而降低了行洪能力。在经济利益的诱惑下,个别采砂户在未经水行政部门许可的情况下,擅自采砂、随意堆放弃料,从而影响了河势稳定。

2.1.5　研究方法

(1)研究区基础资料的收集。搜集研究区相关空间信息数据(数字高程模型、土壤类型图、土地利用类型图)、水文及气象数据、地质地貌、水资源分布状况及社会经济状况等资料。

(2)滦河流域生态状况调查与评价。从水量、水质、水生生物、水土流失、土地利用等方面,分析滦河水环境现状和演变趋势,对水污染物的时空变异性进行分析。应用水质标识指数法识别滦河流域主要污染指标,并对相关污染源进行污染源解析,详见第 3 章。

(3)控制单元划分。综合考虑流域水文单元完整性、行政单元完整性以及流域污染控制可操作性等因素,确定流域控制单元划分所遵循的基本原则,基于 GIS 技术划分控制单元,详见第 4 章。

(4)控制单元污染负荷计算。基于研究区的空间和属性数据库,开发应用 SPARROW 模型和 Vensim 模型,建立滦河流域污染模拟模型,分别对流域特定污染物的污染负荷进行模拟计算,并分析污染负荷的空间分布特征。详见第 4 章和第 5 章。

(5)控制单元水环境容量计算。分析水体水文条件的变化规律,研究不同水文条件和水质目标下,滦河流域各基层控制单元水环境容量的确定。详见第 6 章。

(6)基层控制单元水质目标管理方案提出。参考流域水体污染物最大日负荷总量控制方法,采用等比分配法进行不同水文设计条件下的污染负荷削减分配,对 75% 水文保证率下 2011~2030 年不同发展情景下的 COD 削减量进行计算,并提出滦河流域水质目标管理的对策与建议。

2.2　研究内容与技术路线

2.2.1　研究内容

（1）滦河流域生态状况调查与评价。从水量、水质、水土流失、水生生物、土壤侵蚀、土地利用等方面,分析滦河水环境现状和演变趋势,并对流域水质的时空变异性进行分析。应用水质标识指数法,找出主要污染物,并对主要污染源进行解析。

（2）污染控制单元划分。控制单元是进行水污染控制的基本单位,通过控制单元的划分,可以有针对性地实现对污染物排放的控制。在广泛收集资料的基础上,主要根据流域水功能环境分析、水功能区划、行政区划以及相关地理信息,构建水质目标管理单元分级划分体系。

（3）滦河流域养分污染负荷估算及情景分析。应用 SPARROW 模型,对滦河流域污染评分最高的指标——总氮的污染负荷进行计算,并对不同水文保证率及不同时期的总氮输出量进行情景模拟。

（4）滦河流域 COD 污染负荷估算及情景分析。应用系统动力学模型,对滦河流域 COD 的污染负荷进行计算,并对 2011 ~ 2030 年不同发展方案下的 COD 排放量进行情景模拟。

（5）建立多级流域单元的污染负荷管理方案。基于 TMDL 模式,根据控制单元分级体系,按照控制单元的水质目标及等级,提出适用于半干旱半湿润地区的污染负荷管理方案。

2.2.2　技术路线

本研究技术路线见图 2-4。

2.3　主要创新点

（1）对半干旱半湿润地区的特点进行分析,在对滦河流域水环境进行调查与分析的基础上,基于"3S"和多元统计分析方法,完成了滦河流域分级控制单元体系的构建,以此作为水质目标管理的基层单元。

（2）结合处于半干旱半湿润地区的滦河流域特定的自然地理条件及人类活动方式,开发应用基于统计学原理的 SPARROW 模型和系统动力学模型,建

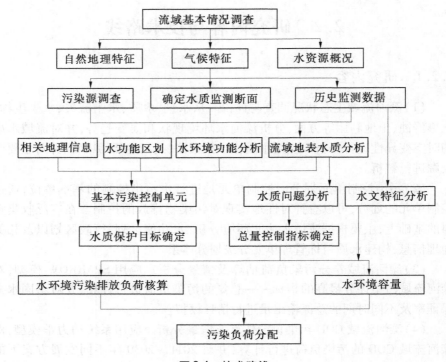

图 2-4 技术路线

立了滦河流域污染模拟模型,对滦河流域及各控制单元的污染负荷进行了模拟计算。

(3)分析了滦河流域主要污染物的污染程度评价和时空分布特征,并进行污染源解析。在此基础上结合相关方法,计算得到了不同设计水文条件下滦河各控制单元的水环境容量,提出了滦河流域控制单元水质目标管理方案,为滦河流域水环境"分区、分类、分级、分期"管理提供了科学依据。

第 3 章　滦河流域水生态状况调查与分析

为了全面分析滦河流域水生态状况,本书从滦河流域全局出发,通过对历史资料的回顾以及对研究区水环境的现场调查与室内分析,从水量、水质、水生生物、水土流失、土地利用等方面,对滦河流域的水环境现状和演变趋势进行研究与探讨,并对流域内水质状况的时空变异性进行分析,为后续水污染物负荷计算提供理论支持。

3.1　水量演变分析

2007 年滦河流域人均水资源占有量 855 m³,属于重度缺水地区。滦河流域缺水类型呈多样化。北部山区水资源相对比较丰富,但水利工程调蓄能力低,属工程型缺水;南部平原区水资源贫乏,属于资源型缺水。此外,滦河流域水资源由于受到各种污染,也导致了水质恶化不能利用而缺水的现象,不同程度地存在着水质型缺水的问题。

基于海河流域水资源公报和相关研究报告,分析滦河流域地表及地下水资源量和时空分布特征。

3.1.1　地表水资源

3.1.1.1　地表水量

1956 ~ 2007 年滦河流域多年地表水资源量 39.49 亿 m³,其中山区地表水资源量 38.67 亿 m³,平原区地表水资源量 0.82 亿 m³。流域地表水资源量最大值为 1959 年的 130.50 亿 m³,最小值为 2000 年的 11.06 亿 m³。水资源分区平均地表水资源量评价成果见表 3-1。

3.1.1.2　地区分布

根据滦河流域 1956 ~ 2007 年多年平均径流深等值线图(见图 2-2),可以看出滦河流域降水主要集中在燕山迎风坡,径流深在 160 ~ 220 mm,降水量以燕山迎风坡为界向北部山区和南部平原径流深逐渐减少。具体分布为:内蒙古高原径流深小于 20 mm;承德县以北至内蒙古高原界,径流深在 40 ~ 100 mm;承德县以南至山区平原界,径流深大于 100 mm,一般在 100 ~ 220 mm;燕山山前平原区径流深在 40~100 mm,南部滨海平原径流深小于 40 mm。

表 3-1　水资源分区平均地表水资源量评价成果　　　　（单位:亿 m³）

水资源分区		多年平均	不同保证率地表水资源量				最大值		最小值		极值比
			20%	50%	75%	95%	数值	出现年份	数值	出现年份	
山区	潘家口以上	21.62	30.38	18.71	12.42	7.21	72.26	1959	5.87	2000	12.31
	潘大区间	3.50	5.17	2.90	1.66	0.62	11.14	1959	0.41	1999	27.36
	桃林口以上	7.15	10.49	5.67	3.38	1.87	21.17	1977	1.54	2000	13.73
	大桃滦区间	6.40	9.74	5.22	2.83	0.94	26.46	1959	0.35	1982	76.14
	山区小计	38.67	54.71	33.11	21.67	12.43	129.22	1959	11.06	2000	11.69
平原		0.82	1.33	0.53	0.20	0.03	3.58	1964	0.01	1957	331.28
全区合计		39.49	56.04	33.63	21.85	12.48	130.50	1959	11.06	2000	11.80

3.1.1.3　年际变化

滦河流域在 1956~2007 年的 52 年间,1956~1979 年和 1994~1998 年总体处于丰水期,期间平均地表水资源量比多年平均值分别多 28.6% 和 34.9%;1980~1993 年和 1999 年以后总体处于枯水期,平均地表水资源量比多年平均值分别少 24.0% 和 58.3%。

3.1.2　地下水资源

3.1.2.1　地下水量

对水资源分区 1991~2007 年矿化度 $M \leqslant 2$ g/L 的平均地下水资源量进行统计,见表 3-2。从结果可以看出,1991~2007 年平均地下水资源量为 19.40 亿 m³,其中山区地下水资源量为 18.14 亿 m³,平原地下水资源量为 1.56 亿 m³,重复计算量为 0.30 亿 m³。

3.1.2.2　地区分布

各地区的地下水资源模数有较大的差异。根据 1991~2007 年地下水资源量评价结果,平原区地下水资源模数在 14.0 万~27.3 万 m³/km²,山间盆地地下水资源模数在 23.2 万~45.8 万 m³/km²,一般山丘区地下水资源模数在 5.0 万~13.2 万 m³/km²,岩溶区地下水模数一般在 19.7 万~45.7 万 m³/km²。地下水资源量模数的分布具有平原区及山间盆地大于山区、岩溶区大于基岩裂隙水区、多雨区大于少雨区的特点。

表 3-2　水资源分区 1991～2007 年平均地下水资源量（单位:亿 m³）

水资源分区		山区				平原区	山区平原重复量	合计
		山丘区	山间盆地	重复量	小计			
山区	潘家口以上	11.61			11.61			11.61
	潘大区间	1.22			1.22			1.22
	桃林口以上	2.90			2.90			2.90
	大桃滦区间	1.33	1.35	0.27	2.41			2.41
	小计	17.06	1.35	0.27	18.14			18.14
平原						1.56	0.30	1.26
合计		17.05	1.35	0.27	18.14	1.56	0.30	19.40

3.1.2.3　年际变化

不同类型区地下水的入渗条件和补给条件差别极大,地下水资源量的年际变化也因之而异。通过对山区和平原区 1956～2007 年降水入渗补给系列分析,滦河流域山区降水入渗系列极值比为 5.60,平原区极值比为 3.59,山区年际变化大于平原区,且丰水年和枯水年的补给量相差较大。

3.1.3　水资源总量

研究区 1956～2007 年的年均水资源量为 43.71 亿 m³,其中潘家口水库以上山区水资源总量为 23.64 亿 m³,潘家口—大黑汀区间为 3.63 亿 m³,桃林口水库以上山区为 7.46 亿 m³,大黑汀—桃林口—滦县区间为 7.49 亿 m³。

根据 1956～2007 年水资源总量系列绘制线性趋势线和为了排除个别年份水资源量变动较大的影响,对研究区内的水资源总量系列分别进行 5 年和 10 年滑动平均,分析水资源总量的年际变化趋势,见图 3-1。通过分析可知,水资源总量的年际变化趋势与降水量、地表水资源量的年际变化趋势基本一致,但水资源总量的趋势性减少倾向比较明显。

年代变化统计结果见表 3-3。

表 3-3　滦河流域水资源总量年代变化统计

年代	1956～1960	1961～1970	1971～1980	1981～1990	1991～2000	2001～2007	多年平均
年代均值（亿 m³）	78.02	47.75	53.02	30.41	48.32	20.72	43.71
与多年平均比较（%）	78.50	9.30	21.30	−30.40	10.50	−52.60	—

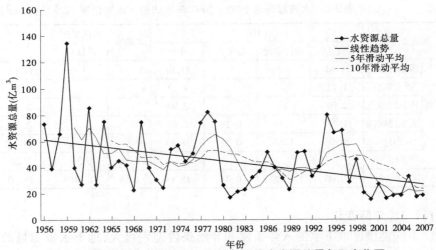

图 3-1　滦河流域 1956～2007 年的年平均水资源总量年际变化图

3.1.4　径流量演变分析

分别选取三道河子、潘家口、滦县作为研究区上中下游的典型站,通过近50 年的月平均水文数据变化情况,分析天然径流量变化特征。

3.1.4.1　径流量年代间变化特征

统计三个代表水文站不同年代天然径流量,如表 3-4 所示。

表 3-4　滦河流域不同年代平均天然径流量统计　（单位:亿 m³）

站点	统计时段					
	1956～1960	1961～1970	1971～1980	1981～1990	1991～2000	2001～2007
三道河子	12.33	6.42	6.09	4.30	6.53	5.39
潘家口	41.06	21.35	24.07	15.27	23.28	18.25
滦县	65.43	41.59	46.04	27.81	41.32	30.17

分析可知,三个水文站 1956～1960 年径流量在 1956～2007 年这 52 年间处于偏丰状态,其值也是此后 50 年中的最高值,1981～1990 年间径流量偏枯,是偏丰水期径流量的 1/2～1/3,2001 年以后径流量偏少,比多年平均径流量减少 18%～30%。

3.1.4.2　径流量变化趋势分析

以三道河子、潘家口和滦县三站 1956～2000 年径流量及 5 年滑动平均过程分析其径流量变化趋势。

将三道河子站设为研究区上游的水量控制站,其年天然径流量过程及 5 年滑动平均过程如图 3-2 所示。径流量从 20 世纪 60 年代至 1985 年均为逐渐下降趋势,1985～1990 年径流量有所增加,从 1990 年开始又出现下降的趋势。

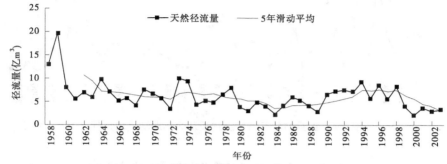

图 3-2 三道河子站年天然径流量过程及 5 年滑动平均过程

潘家口站作为中游的水量控制站,其年天然径流量过程及 5 年滑动平均过程如图 3-3 所示。径流量从 20 世纪 60 年代至 70 年代末为逐渐下降趋势,1984～1996 年径流量有所增加,从 1996 年开始又出现下降的趋势。

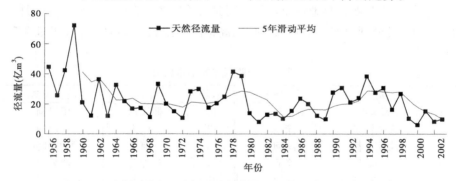

图 3-3 潘家口站年天然径流量及 5 年滑动平均过程

滦县水文站是滦河入海前最后一个水文站,也是滦河流域的最后一个水文站,控制流域面积 4.32 万 km^2,其径流量变化及 5 年滑动平均过程如图 3-4 所示。1956～1970 年出现径流量下降趋势;1970～1979 年径流量从 20 多亿 m^3 逐渐增加至 70 亿 m^3,1980～1981 年间出现迅速下降趋势,径流量仅为峰值的 1/3～1/4;1980～1994 年逐步增加,但随后又出现下降趋势。20 世纪 80 年代初径流量的急剧下降与滦河中游干流上修建了潘家口水库、大黑汀水库以及青龙河上修建了桃林口水库有紧密关系,大型水利工程对河道径流有明显的控制调节作用,再加上该时段的干旱少雨导致下游灌区灌溉用水以及水库对唐山、天津供水量的增加,使得滦河下游径流量急剧下降。

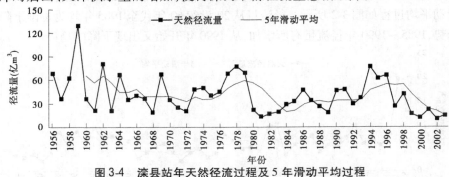

图 3-4　滦县站年天然径流过程及 5 年滑动平均过程

3.2　河流水质调查与分析

3.2.1　水质监测与分析

选取滦河流域上游地区 29 个监测站点(见图 3-5),从 2001 年 1 月至 2012 年 12 月分别对河流溶解氧、氨氮、高锰酸钾指数等 14 项指标(见表 3-5)进行监测。

表 3-5　29 个监测点的基本情况

编号	站点	所在河流	编号	站点	所在河流
1	郭家屯	滦河	16	韩家营	伊逊河
2	三道河子	滦河	17	边墙山	不澄河
3	滦河大桥	滦河	18	下河南	蚂蚁吐河
4	白庙子	滦河	19	高寺台	武烈河
5	张百湾	滦河	20	上二道河子	武烈河
6	上板城	滦河	21	承德	武烈河
7	乌龙矶	滦河	22	下板城	老牛河
8	沟台子	小滦河	23	兴隆	柳河
9	波罗诺	兴州河	24	小东区	柳河
10	窑沟门	兴州河	25	李营(一)	柳河
11	龙头山	伊逊河	26	李营(二)	柳河
12	围场	伊逊河	27	平泉	瀑河
13	四合永	伊逊河	28	宽城	瀑河
14	庙宫水库	伊逊河	29	蓝旗营	洒河
15	隆化	伊逊河			

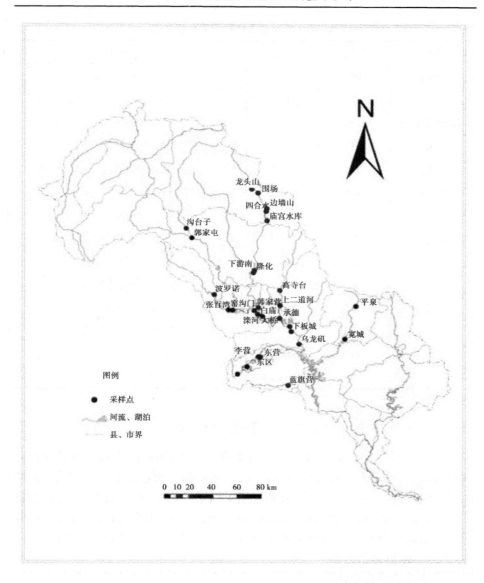

图 3-5 滦河流域水质采样点分布

水样的收集、保存、运输和分析方法依据国家环保总局、《水和废水监测分析方法》(第 4 版)选取(见表 3-6)。

表 3-6 所用水质参数及其分析方法

参数	缩写	单位	分析方法
溶解氧	DO	mg/L	快速溶氧仪法
氨氮	NH_3-N	mg/L	纳氏试剂比色法
高锰酸盐指数	COD_{Mn}	mg O^2/L	酸性法
总磷	TP	mg/L	钼酸铵分光光度法
总氮	TN	mg/L	紫外分光光度法
挥发酚	VP	mg/L	4-氨基安替比林分光光度法
氟化物	F	mg/L	离子色谱法
氰化物	CN	mg/L	异烟酸—巴比妥酸分光光度法
铜	Cu	mg/L	火焰原子吸收法
砷	As	mg/L	新银盐分光光度法
镉	Cd	mg/L	火焰原子吸收法
六价铬	Cr(Ⅵ)	mg/L	石墨炉原子吸收法
铅	Pb	mg/L	火焰原子吸收法
汞	Hg	mg/L	冷原子吸收法

3.2.2 研究区主要河流水污染特征及评价

随着水污染日益加剧,对流域的水环境质量做出科学、客观的评价是社会发展的需要,也是人类身体健康的需要,更重要的是通过评价可以对某些关键的污染因子进行防范和控制。分别采用单因子评价法、综合污染指数法、模糊综合评价法及水质标识指数法等方法对滦河流域上游河流水质进行评价,并对各方法的优点和缺点进行了比较与分析,进而分析了河流的污染特征。

3.2.2.1 水质评价方法

1. 单因子评价方法

单因子评价方法中,污染等级是由污染最严重的因子决定的。

2. 综合污染指数法

综合污染指数法是在单因子指数评价的基础上,采用算术平均值法计算综合指数进一步评价,该指数计算公式为:

$$I = \frac{1}{n} \sum_{j=1}^{n} I_j \qquad (3\text{-}1)$$

式中：I 为综合指数；n 为参与环境要素综合指数计算所涉及的评价因子的数；I_j 为对应的单一因子评价指数，即评价因子的实际监测值与其对应的环境评价标准值的比值：

$$I_j = C_j / S_j \qquad (3\text{-}2)$$

式中：C_j 为评价因子的实际监测值；S_j 为评价因子的评价标准值，采用国家《地表水环境质量标准》（GB 3838—2002）Ⅲ类水标准；I_j 为评价因子的指数，也称污染指数、超标倍数，其值越大，表示该因子的单项环境质量越差，$I_j = 1$ 表示环境质量处于临界状态。

根据评价结果对水质进行分级，水质分级标准见表 3-7。

表 3-7　水质分级标准

综合指数值	水质级别	综合指数值	水质级别
≤0.20	清洁	1.00 ~ 2.00	重污染
0.20 ~ 0.40	尚清洁	>2.00	严重污染
0.40 ~ 1.00	轻污染		

3. 模糊综合评价法

模糊综合评价法的基本思路：由监测数据确立各因子指标对各级标准的隶属度集，形成隶属度矩阵，再把因子的权重集与隶属度矩阵相乘，得到综合评判集，表明评价水体水质对各级标准水质的隶属程度，其中值最大的元素所对应的类别即为水体评价类别。具体步骤如下：①建立评价因子集；②建立评价集；③建立模糊关系矩阵 $[R]$；④权重向量的计算；⑤建立模糊综合评价模型。

4. 水质标识指数法

水质标识指数法主要包括单因子水质标识指数的计算、综合水质标识指数（I_{wq}）计算及水质等级确定三个步骤。

第一步，进行单因子水质标识指数的计算，计算方法如下：

（1）单因子水质标识指数（P_i）。

P_i 由一位整数、小数点后面 2 位或 3 位有效数字组成。污染等级由整数位决定，而在同一等级中的污染程度则是由小数位决定的。P_i 由下式表示为：

$$P_i = X_1 . X_2 X_3 \qquad (3\text{-}3)$$

式中：X_1 为第 i 项水质指标的水质类别；X_2 为监测数据在 X_1 类水质变化区间中所处的位置，根据公式按四舍五入的原则计算确定；X_3 为水质类别与功能区划设定类别的比较结果，视评价指标的污染程度，X_3 可以是 1 位或 2 位有效数字。

（2）X_1. X_2 的确定。

①当水质介于 I 类水和 V 类水之间时，对于一般指标（除 DO、pH、水温等外）

$$X_1. X_2 = a + \frac{C_i - C_{ls}}{C_{us} - C_{ls}} \tag{3-4}$$

对于 DO，则 X_1. X_2 按下式计算：

$$X_1. X_2 = a + 1 - \frac{C_i - C_{ls}}{C_{us} - C_{ls}} \tag{3-5}$$

式中：C_i 为第 i 项指标的实测浓度；C_{us} 为第 i 项指标在 a 类水质标准区间的上限值；C_{ls} 为第 i 项指标在 a 类水质标准区间的下限值；$a = 1、2、3、4、5$，根据监测数据与国家标准比较确定。

②当水质劣于或等于 V 类水之间时，对于一般指标（除 DO、pH、水温等外）

$$X_1. X_2 = 6 + \frac{C_i - C_{Vus}}{C_{Vus}} \tag{3-6}$$

对于 DO，则 X_1. X_2 按下式计算：

$$X_1. X_2 = 6 + \frac{C_{Vls} - C_i}{C_{Vls}} \tag{3-7}$$

式中：C_{Vus} 为 V 类水质标准区间的上限值；C_{Vls} 为 V 类水质标准区间的下限值。

（3）X_3 的确定。

X_3 要通过判断得出，如果水质类别好于或达到功能区类别，则 $X_3 = 0$；如果水质类别差于功能区类别且 X_2 不为零，则 $X_3 = X_1 - f_i$；如果水质类别差于功能区类别且 X_2 为零，则 $X_3 = X_1 - f_{i-1}$。f_i 为水环境功能区类别。由此可见，如果 $X_3 = 1$，说明水质类别劣于功能区 1 个类别；如果 $X_3 = 2$，说明水质劣于功能区 2 个类别，依次类推。需要说明的是：当 $X_3 > 9$ 时取最大值 9。

第二步，综合水质标识指数（I_{wq}）计算，计算方法如下：

河流水质评价指数 I_{wq} 建立在单因子水质标识因子的计算结果上，其计算公式如下：

$$I_{wq} = C_1. C_2 X_3 X_4 = \left[\frac{1}{m+1} \left(\sum_{i=1}^{m} P_i + \frac{1}{n} \sum_{j=1}^{n} P_j \right) \right] X_3 X_4 \tag{3-8}$$

式中:$C_1.C_2$为综合水质指数;P_i为主要污染因子的单因子水质指数,每个因子有一个权重;m为主要污染因子的个数;P_j为其他因子的单因子水质指数,所有次要污染因子有一个权重;n为次要污染因子的个数;X_3为水质类别与功能区划设定类别的比较结果;X_4为参加整体水质评价的指标中,劣于功能区标准的水质指标个数。

第三步,水质等级的确定。

水质等级由 I_{wq} 中的 $C_1.C_2$ 确定。判断标准如表 3-8 所示。

表 3-8 基于综合水质标识指数的综合水质等级

判别标准	综合水质等级
$1.0 \leqslant C_1.C_2 \leqslant 2.0$	I
$2.0 < C_1.C_2 \leqslant 3.0$	II
$3.0 < C_1.C_2 \leqslant 4.0$	III
$4.0 < C_1.C_2 \leqslant 5.0$	IV
$5.0 < C_1.C_2 \leqslant 6.0$	V
$6.0 < C_1.C_2 \leqslant 7.0$	劣V,未见黑臭
$C_1.C_2 > 7.0$	劣V,出现黑臭

3.2.2.2 评价标准

各监测断面选用《地表水环境质量标准》(GB 3838—2002)中水质标准为评价标准,见表 3-9。

3.2.2.3 水质评价结果

应用单因子评价法、综合污染指数法、分级评价法、内梅罗污染指数法、模糊综合评价法及水质标识指数法六种方法对滦河流域各站点水质进行评价,本书的评价中选取 2010 年水质监测数据的平均值进行计算。评价结果见表 3-10。

从表 3-10 的评价结果中,我们可以看出:

(1)应用单因子评价法分析的 29 个站点中有 15 个站点水质为劣 V 类,占到总评价站点的一半以上,而该流域中最好的水质等级为 II 类,有 5 个站点属于此等级。单因子评价方法的结果有一定的片面性,因为污染指数是由污染最严重的水质参数决定的,即采用某一项污染项目超标就断定整个水体超标的一票否决制。因此,单因子评价法一般适用于个别参数超标过大,严重影响水环境质量的情况。

表 3-9　地表水环境质量标准　　　　　　（单位:mg/L）

项目		I	II	III	IV	V
溶解氧	≥	7.5	6	5	3	2
高锰酸盐指数	≤	2	4	6	10	15
氨氮(NH₃ – N)	≤	0.15	0.5	1	1.5	2
总磷(以 P 计)	≤	0.02	0.1	0.2	0.3	0.4
总磷(湖、库)	≤	0.01	0.025	0.05	0.1	0.2
总氮(湖、库,以 N 计)	≤	0.2	0.5	1	1.5	2
铜	≤	0.01	1	1	1	1
氟化物(以 F⁻ 计)	≤	1	1	1	1.5	1.5
砷	≤	0.05	0.05	0.05	0.1	0.1
汞	≤	0.000 05	0.000 05	0.000 1	0.001	0.001
镉	≤	0.001	0.005	0.005	0.005	0.01
铬(六价)	≤	0.01	0.05	0.05	0.05	0.1
铅	≤	0.01	0.01	0.05	0.05	0.1
氰化物	≤	0.005	0.05	0.02	0.2	0.2
挥发酚	≤	0.002	0.002	0.005	0.01	0.1

（2）应用综合污染指数法得出的结果表明,只有窑沟门和平泉 2 个站点的水质为清洁,11 个站点为尚清洁,其他站点的水质受到不同程度的污染。虽然综合污染指数法可以决定水质是否达到水功能区标准,但它不能确定综合水质类别。它能从总体上对水质污染状况做出评价,但计算相对较复杂。

表 3-10　不同评价方法的评价结果

站点	单因子评价法	综合污染指数法	分级评价法	内梅罗污染指数法	模糊综合评价法	水质标识指数法
郭家屯	劣 V	轻污染(0.59)	II(8.14)	轻污染(2.24)	V	IV(4.012)
三道河子	IV	尚清洁(0.32)	II(9.00)	清洁(0.74)	III	II(2.801)
滦河大桥	劣 V	轻污染(0.71)	II(8.43)	重污染(4.01)	V	III(3.901)
白庙子	III	尚清洁(0.32)	II(9.00)	清洁(0.67)	III	II(2.900)
张百湾	III	尚清洁(0.26)	II(9.33)	清洁(0.60)	II	II(2.400)

续表 3-10

站点	单因子评价法	综合污染指数法	分级评价法	内梅罗污染指数法	模糊综合评价法	水质标识指数法
上板城	劣V	重污染(1.16)	Ⅲ(7.86)	严重污染(6.38)	V	V(5.022)
乌龙矶	劣V	重污染(1.33)	Ⅲ(7.86)	严重污染(7.89)	V	V(5.222)
沟台子	Ⅲ	尚清洁(0.24)	Ⅱ(9.17)	清洁(0.71)	Ⅲ	Ⅱ(2.400)
波罗诺	Ⅱ	尚清洁(0.23)	Ⅱ(9.67)	清洁(0.58)	Ⅰ	Ⅰ(1.800)
窑沟门	Ⅱ	清洁(0.17)	Ⅱ(9.83)	清洁(0.43)	Ⅰ	Ⅰ(1.700)
龙头山	Ⅲ	尚清洁(0.29)	Ⅱ(9.33)	清洁(0.60)	Ⅰ	Ⅱ(2.700)
围场	V	轻污染(0.50)	Ⅱ(8.50)	尚清洁(1.32)	Ⅲ	Ⅳ(4.012)
四合永	劣V	轻污染(0.91)	Ⅲ(7.71)	重污染(4.28)	V	Ⅳ(4.713)
庙宫水库	劣V	轻污染(0.73)	Ⅱ(8.14)	重污染(3.20)	V	Ⅳ(4.213)
隆化	Ⅳ	尚清洁(0.40)	Ⅱ(9.00)	清洁(0.76)	Ⅲ	Ⅲ(3.001)
韩家营	劣V	轻污染(0.64)	Ⅱ(8.43)	重污染(3.62)	V	Ⅲ(3.602)
边墙山	Ⅱ	尚清洁(0.24)	Ⅱ(9.67)	清洁(0.50)	Ⅰ	Ⅱ(2.200)
下河南	V	尚清洁(0.38)	Ⅱ(9.17)	尚清洁(1.16)	Ⅳ	Ⅱ(2.901)
高寺台	劣V	轻污染(0.97)	Ⅱ(8.17)	严重污染(6.93)	V	Ⅳ(4.011)
上二道河子	劣V	轻污染(0.82)	Ⅱ(8.17)	严重污染(5.49)	V	Ⅲ(3.701)
承德	劣V	轻污染(0.78)	Ⅱ(8.86)	严重污染(5.46)	V	Ⅲ(3.601)
下板城	Ⅱ	尚清洁(0.24)	Ⅱ(9.83)	清洁(0.51)	Ⅰ	Ⅰ(1.800)
兴隆	Ⅲ	尚清洁(0.26)	Ⅱ(9.33)	清洁(0.52)	Ⅰ	Ⅱ(2.400)
小东区	劣V	严重污染(2.62)	Ⅲ(7.67)	严重污染(16.93)	V	劣V,出现黑臭(8.254)
李营(一)	劣V	轻污染(0.78)	Ⅱ(8.71)	严重污染(5.12)	V	Ⅲ(3.501)
李营(二)	劣V	轻污染(0.68)	Ⅱ(8.00)	尚清洁(1.93)	V	Ⅱ(2.602)
平泉	Ⅱ	清洁(0.15)	Ⅱ(9.83)	清洁(0.37)	Ⅰ	Ⅰ(1.700)
宽城	劣V	轻污染(0.85)	Ⅱ(8.86)	严重污染(5.73)	V	Ⅲ(3.501)
蓝旗营	劣V	轻污染(0.86)	Ⅱ(8.57)	严重污染(6.18)	V	Ⅲ(3.801)

（3）分级评价法得出的结果表明,只有上板城、乌龙矶、四合永和小东区4个站点的水质为Ⅲ类,其他均为Ⅱ类。分级评价法将各污染项平均考虑,不能反映污染最大项和污染最小项的影响,而且如果有几项指标评分较高,往往会拉高整体水质评分,存在与实际水质状况不符的问题。

（4）应用内梅罗污染指数法进行分析得出的结果是,有9个站点为严重污染,4个站点为重污染,其他站点分别为清洁和尚清洁。内梅罗污染指数法兼顾了最高污染项和平均污染项的影响,但是也存在过分突出极大值对水质污染的影响这一问题,评价项目中即使只有一项指标偏高,而其他指标均较低,也会使综合评分值偏高,而且它仅仅考虑了最高污染项,未充分考虑若干个大污染项同时存在的情况下次大污染项的作用。目前往往通过给各因子赋权重的办法对该方法进行修正。

（5）模糊综合评价法的结果表明,评价的站点中有15个为Ⅴ类,且是与单因子评价中归为劣Ⅴ类水质的站点相对应的。而且从隶属度来看,归为Ⅴ类的站点中,大部分超过0.95,表明水污染非常严重,有可能劣于Ⅴ类水质标准。但该评价方法采取的分类原则使它不能反映劣Ⅴ类水体的污染程度。

（6）水质标识指数法的结果表明,小东区的水质为劣Ⅴ类(8.254),是水质最差的一个站点。上板城和乌龙矶的水质为Ⅴ类。评估结果与实际情况基本一致,所以评估结果具有较高的准确性和可靠性。结果表明,水质标识指数法可以对河流进行合理的评价,特别是对劣Ⅴ类水体,解决了关于劣Ⅴ类水体水质连续性描述的问题。

（7）通过对6种评价方法进行比较(见表3-10)得出:①单因子评价法以最差水质指标所属类别作为水质类别,评价结论过度保守。②分级评价法将各污染项进行平均,没有考虑污染最大项和最小项。③综合污染指数法与内梅罗污染指数法的评价结论较为一致,证明这两种方法的评价结果具有一定的代表性。但其也有共同的缺点,那就是不能直观地判断综合水质类别。④当综合水质为Ⅰ～Ⅴ类水情形时,模糊综合评价法的评价结果与实际较为吻合,具有科学性、合理性。然而当综合水质为劣Ⅴ类水时,评价结论则偏保守。如小东区水质严重污染,表现出黑臭特征,但是模糊综合评价法对该样本评价为Ⅴ类水后就不能再进一步评价,原因在于当参与评价指标水质为劣Ⅴ类时,无论污染物指标浓度多高,其表达形式一律为{0,0,0,0,1},因而低估了劣Ⅴ类指标的贡献力,从而使得评价结论偏保守。相比之下,水质标识指数法解决了劣Ⅴ类水的连续性描述问题,它将污染程度分为七个等级:Ⅰ类、Ⅱ类、Ⅲ类、Ⅳ类、Ⅴ类、劣Ⅴ类(未见黑臭)和劣Ⅴ类(出现黑臭)。如果 C_1. C_2

>6.0,则认为水质劣于Ⅴ类。该值越大,水质越差,实现了对水质的定性和定量评估。

3.2.3　主要污染物分析

通过计算所有指标的单因子水质标识指数平均值,可以得出这些平均值的变化趋势(见图3-6)。从图3-6中可以看出,总氮和氨氮为主要污染物,总磷和高锰酸盐指数次之。这种情况属于富营养化,总氮的单因子水质标识指数(P_i)的范围从6.63到10.57,平均值为8.64,比第七级更糟。在29个监测断面中,总氮浓度最高的三个断面乌龙矶、高寺台、上板城的浓度值分别超出《地表水环境质量标准》(GB 3838—2002)中Ⅴ类标准(2.0 mg/L)4.54倍、3.88倍和3.47倍。氨氮的P_i值范围是从2.1~16.99,有3个点的水质为劣Ⅴ类,污染最严重的点为小东区,超过Ⅴ类水质标准10.91倍。

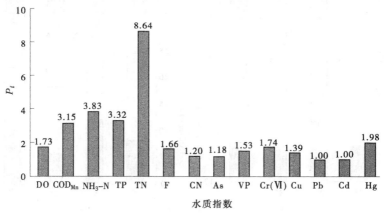

图3-6　单因子水质标识指数的比较

3.2.4　水污染物的时空变异分析

我们对图3-5所列的滦河流域29个站点的2000~2010年期间的流量和12项水化学参数的监测数据进行分析,并使用水质标识指数(WQIIM),对河流水化学特征进行评估。

3.2.4.1　水污染物浓度的季节变化

为了反映季节变化和水化学参数浓度之间的关系,分别对春、夏、秋、冬四个季节的水质指标的浓度进行分析。图3-7中显示的是2000~2012年水质指标浓度和流量的平均值与标准偏差。从图3-7可以看出,常规化学参数——溶解氧存在明显的季节差异,其夏秋季的浓度比春季和冬季低,主要的原因是溶解氧浓度受水温影响较大。COD 浓度值夏季最高((12.29 ± 1.75) mg/L),而秋季最低((5.88 ± 0.47) mg/L),这可能与夏季浮游生物相对活跃有关。NH_3-N、NO_3-N、TP、TN 等养分指标具有相似的变化趋势,那就是冬季的平均浓度最高,分别为(5.06 ± 1.05) mg/L、(3.77 ± 0.17) mg/L、(0.25 ±

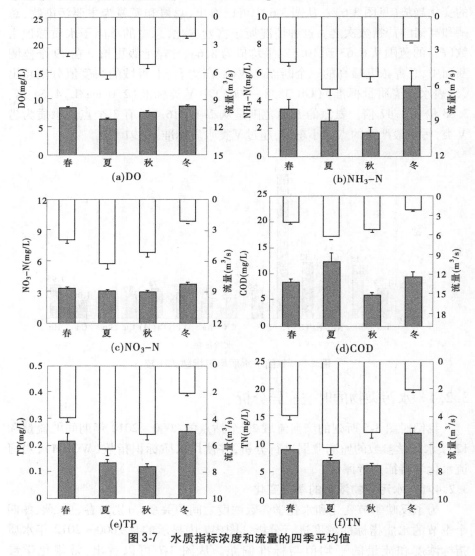

图 3-7　水质指标浓度和流量的四季平均值

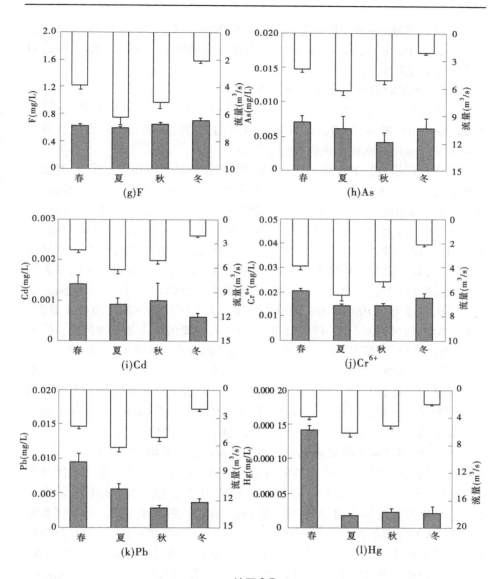

续图 3-7

0.024)mg/L 和(12.05 ± 0.88)mg/L,这四个参数的最大值也出现在冬季,分别达到 320 mg/L、38.8 mg/L、5.38 mg/L 和 84.6 mg/L。从春季开始,这四个参数的浓度逐渐降低,在秋季达到最低值,分别为(1.71 ± 0.38)mg/L、(2.99 ± 0.11)mg/L、(0.12 ± 0.01)mg/L 和(6.21 ± 0.41)mg/L,季节变化对

氟化物没有明显的影响,其各季浓度稳定在0.6 mg/L上下。砷、镉、铬、铅、汞等重金属因子经过冬天的积聚,在春天雪融化后随地表径流进入水体,导致河水中污染物浓度较高。

3.2.4.2 水化学指标指数的空间变异

考虑滦河干流最终流向,在空间变异分析中加入潘家口和大黑汀水库。图3-8中列出伊逊河、滦河、兴洲河、武烈河、老牛河、柳河、瀑河、洒河及潘家口-大黑汀水库的水质标识指数的平均值。

水质标识指数法的结果表明,在柳河的污染较其他河流更为严重,其水质标识指数得分为6.427±2.75。这主要是由于柳河沿线密集分布着城镇、工业厂房及工矿用地,因此河流中的污染物主要来自点源(工业废水和城市生活污水等)。而农业和城市径流非点源虽然也存在,但它们的贡献相对较小。武烈河(5.152±1.55)存在着与柳河类似的情况。瀑河和伊逊河的污染处于中等水平,其主要是受到城市点源污染的影响。兴洲河是滦河干流的一支小支流,监测点位于农村地区,人类活动的干扰小,河水呈现出较好的状态,其水质标识指数仅为2.100±0.06,评价为健康。老牛河和洒河的水质处于Ⅲ类,它们的情况与兴洲河类似,也受点源影响较小,主要污染为非点源污染。潘家口、大黑汀水库位于滦河干流下游。滦河是潘家口水库入库水量的主要来源,柳河、瀑河等其他支流对水库库容也有所贡献。而大黑汀水库的大部分来水出自潘家口水库,洒河等支流也汇入水库。两个水库的水质均优于上游。出现这种现象的主要原因是水库对来水起到了稀释和净化的作用。滦河干流水质标识指数得分(4.210±0.49)在各河流之间处于居中的位置。

3.2.4.3 滦河及其主要支流从上游到下游的水化学指标浓度变化

选择研究区内四个有代表性的河流对其自上游至下游的污染物浓度变化(见图3-9)进行分析。在滦河干流上,溶解氧、挥发酚和各养分指标的浓度从上游郭家屯开始逐步增加,在乌龙矶达到最高值,然后开始下降。重金属参数的浓度,从上游到下游呈波动的趋势,但仍有一定的规律性,即在上游和中游的浓度显著高于下游。不管是何种参数,乌龙矶的浓度均最高,其NH_3-N、NO_3-N、COD、TP、TN、F^-、Cd、Cr、Pb、Hg的值分别为(7.24±0.32)mg/L、(4.39±0.78)mg/L、(4.24±0.49)mg/L、(9.59±0.32)mg/L、(0.30±0.04)mg/L、(15.07±1.32)mg/L、(0.77±0.07)mg/L、(0.004±0.0005)mg/L、(0.001±0.0002)mg/L、(0.021±0.003)mg/L、(0.009±0.001)mg/L和(0.00002±0.000001)mg/L。而乌龙矶浓度增加的主要原因是该监测站点位于市区,接纳承德市的点源污染排放。另有一条支流老牛河在乌龙矶上游

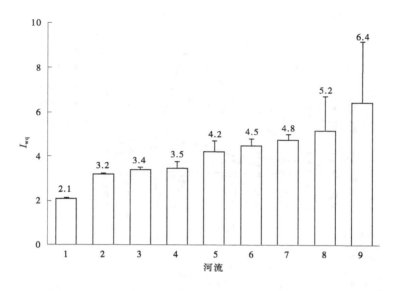

1—兴洲河;2—潘家口－大黑汀水库;3—老牛河;4—洒河;5—滦河;
6—伊逊河;7—瀑河;8—武烈河;9—柳河

图 3-8　各河流水质标识指数

汇入,由此带入一些污染物。伊逊河上游的水质较差,但到中游这种情况有所改观,这主要是因为庙宫水库的稀释作用,使污染物的浓度降低,然后经过隆化县城,污染物的浓度又呈增高的趋势。围场和平泉两个站点也存在与乌龙矶类似的情况,这两个站点污染物浓度过高主要是受点源污染的影响。而平泉污染物浓度过高的另一个原因则是由于用水过量,监测站点附近的河流几乎处于干涸状态,水体的自净能力不能发挥作用。其他河流也存在空间差异,例如柳河中的小东区,其 $NH_3 - N$、$NO_3 - N$、TP 和 TN 的浓度分别为(57.83 ± 5.04) mg/L、(6.99 ± 0.81) mg/L、(0.27 ± 0.004) mg/L 和 (1.40 ± 0.70) mg/L,明显高于该河上的其他站点。承接兴隆县的生活污水和工业废水排放是出现这种情况的主要原因。重金属的最高浓度出现在李营(二),其 As、Cd、Cr、Pb、Hg 的浓度分别为(0.11 ± 0.02) mg/L、(0.013 ± 0.006) mg/L、(0.014 ± 0.003) mg/L、(0.013 ± 0.003) mg/L 和 $(0.000\ 014 \pm 0.000\ 008)$ mg/L 的。这主要与该地区有金属矿开采,富集重金属的废水排放入河有关。此外,图 3-9 中四条河流中监测站点的污染物浓度变化与图 3-8 呈现出相同的趋势,柳河的污染物浓度高于其他河流污染程度,而其他三条河流的污染程度相当,这也再次证实了水质标识指数法的可行性。

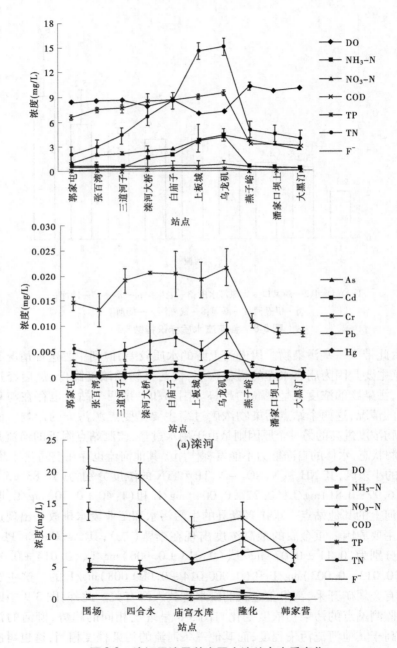

图 3-9　滦河干流及其主要支流站点水质变化

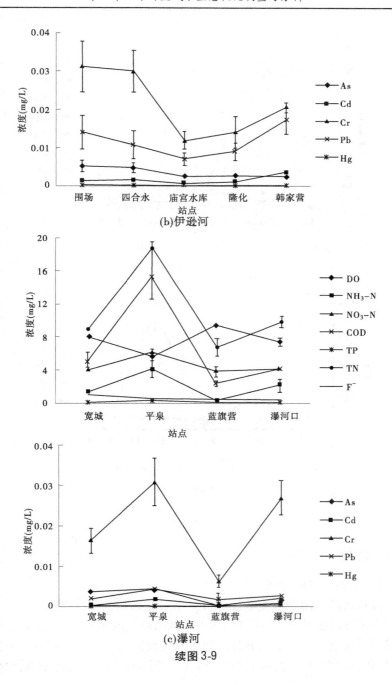

(b)伊逊河

(c)瀑河

续图 3-9

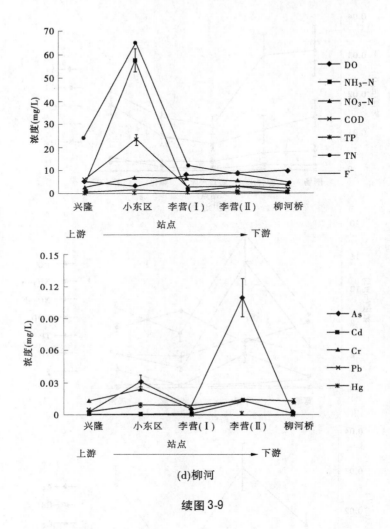

(d)柳河

续图3-9

3.2.5　污染源解析

3.2.5.1　污染源解析方法

　　仅仅对河流的污染程度进行分析对于河流污染控制来说是不够的,要对河流污染进行控制和治理,关键的步骤是找出河流的主要污染源,本研究中污染源解析采用的方法是主成分分析和多元线性回归。主成分分析又称多元分析,它是在一组变量中寻找出方差－协方差矩阵的特征量,然后由原变量在不损失原数据主要信息情况下,使信息更集中、更典型地显示出研究对象的特征。即在保证数据信息量损失最小的前提下,经线性变化和舍弃小部分信息,以少数的综合变量取代原始的多维变量(王若恩 等,1997;蔡金榜 等,2007)。它可以反映出水体的污染程度,主要污染物的类别、来源、成因、时空分布规律以及变化趋势,定量、定性地了解河流水质的动态变化,找到优先控制的监测断面或水质指标,它最大的优点是既可简化评价指标,又可抓住主要矛盾,比较不同断面、不同水期的水质状况(张蕾,2010)。其计算步骤主要有:①计算相关系数矩阵;②计算特征值;③计算对应于特征值的特征向量;④计算单个参数贡献率;⑤计算累计贡献率;⑥计算主成分载荷;⑦各主成分得分。

多元线性回归是一个反应模型,用以计算各污染源对污染物总浓度的贡献值。简单来说,它可以度量各监测站点中污染源强度,应用多元线性回归分析可以通过相关系数将污染浓度数据转换成每个污染源对样本的贡献率。

主成分分析和多元线性回归均应用 SPSS 16.0 进行计算。

3.2.5.2　污染源解析结果

根据水质标识指数法的评价结果(见表3-6),将站点分为达标(Ⅰ～Ⅲ)和不达标(Ⅳ～劣Ⅴ)两类,应用主成分分析的方法找出这两类站点中的潜在污染源。随后应用多元线性回归方法计算各站点中各污染源的贡献率。

按照共同度的值,污染因子可以用来解释潜在污染源。对于达标的站点,4 个主成分因子的特征值可以解释总方差的 62.60%。主成分 1 的特征值占总方差的 23.42%,主成分 2、3、4 的特征值分别占总方差的 21.81%、9.43%和 7.94%。在未达标站点中,3 个主成分因子的特征值可以解释总方差的68.18%。VF1、VF2 和 VF3 分别占 36.25%、17.16%和 14.77%(见表3-11)。

表 3-11　两类监测站点旋转后的因子负荷矩阵[a]

参数	达标站点					未达标站点			
	VF1[b]	VF2	VF3	VF4	共同度	VF1	VF2	VF3	共同度
溶解氧		-0.605	0.321	0.304	0.618		0.888		0.830
氨氮		0.680			0.711	0.973			0.868
高锰酸盐指数		0.778			0.511	0.887			0.959
总磷			0.910		0.834		0.716		0.519
总氮			0.828		0.735		0.752		0.613
挥发酚				0.820	0.796	0.555		-0.786	0.934
氟化物			0.869		0.784	0.959			0.924

续表 3-11

参数	达标站点					未达标站点			
	VF1[b]	VF2	VF3	VF4	共同度	VF1	VF2	VF3	共同度
氰化物				−0.647	0.433	0.970			0.964
铜		0.667			0.535			0.888	0.796
砷	0.942				0.903			0.912	0.844
镉	0.895				0.817			−0.730	0.783
六价铬	0.832				0.778			0.651	0.599
铅	0.776				0.763		−0.744		0.578
汞			0.665		0.566				0.632
特征值占方差的百分比（%）	23.42	21.81	9.43	7.94		36.25	17.16	14.77	

注：a. 提取方法：主成分分析。旋转方法：正交旋转。本表只列了因子负荷值 > 0.30 的数值。

b. VF：主成分。

以达标的站点为例对主成分分析结果进行分析，VF1 与砷、镉、六价铬等重金属有很强的正相关关系，这些重金属的来源可能与土壤侵蚀或流失有关。因这几种重金属的监测值较低，由此我们推断，VF1 代表该流域的背景值。VF2 与氨氮和高锰酸盐指数有很强的正相关性，而与溶解氧呈负相关关系。这三个污染指数均与耗氧有机污染物有关。因此，VF2 代表城市污水中的耗氧有机污染。VF3 与氟化物和挥发酚有较强的正相关性。这几种物质主要来源于工业废水。VF4 与总磷和总氮存在强烈的正相关关系。VF4 则主要代表非点源污染部分，如农业土地侵蚀和城市径流带入河中的污染物。

主成分分析可以很好地找出潜在污染源的类别，但对各污染源的贡献率却难以进行量化。经验证得到，主成分得分的绝对值可以有效地对由主成分分析计算得出的污染源类型的贡献值进行定量化（Zhou et al，2007）。通过对主成分得分的绝对值进行多元线性回归得出各污染源的贡献率，计算结果显示绝大部分参数的相关系数（r^2）在 0.71 ~ 0.93，只有达标站点中的挥发酚、未达标站点中的总磷和氟化物三个参数的相关系数较低，分别为 0.36、0.61 和 0.53。由此可以看出该方法的计算结果相对较准确。

根据主成分分析，达标区域污染源分为自然沉降、生活污水、工业废水和农业非点源污染四种类型，这四种污染源的贡献率分别是 30.1%、27.0%、22.2% 和 20.7%。不同的污染源对各水质参数的贡献率是不同的，例如生活污水对河流中高锰酸盐指数的贡献率高达 81.0%，同时水中 59.4% 的氨氮、55.7% 的溶解氧消耗也是由生活污水贡献的。自然因素对河流污染物的贡献主要是重金属方面，对六价铬和铅的贡献分别是 80.1% 和 82.2%。而总磷（76.7%）和总氮（70.3%）则主要来自农业非点源污染。对未达标的站点来说，工业污水、生活污水和农业非点源污染的贡献率分别为 44.3%、32.5% 和 23.2%。大部分变量主要是受到工业污水（六价铬 88.7%、挥发酚 83.5%、溶解氧 69.2% 和总磷 52.5%）和生活污水（对氨氮、汞、氟化物和高锰酸盐指数的贡献分别为 76.6%、70.5%、66.3% 和 47.2%）的影响。

在达标的站点中，自然沉降和生活污水是主要污染源。而对于未达标的站点，主要污染源包括点源污染（如工业废水和生活污水）和非点源污染（如农业和城市径流）。点源污染对达标和未达标站点的贡献率分别达到 49% 和 77%。

3.3　水生生物状况分析

3.3.1　调查分析对象

（1）浮游植物。浮游植物数量及群落结构是反映河流状况的重要指标，相对于其他水生植物而言，浮游植物生长周期短，对环境变化敏感，其生物量及种群结构变化能很好地反映河流水质现状与变化。

（2）底栖动物。河流底栖无脊椎动物群落状况是衡量河流水生态系统生物状况和河流生态环境整体状况及其变化趋势的重要指标。以大型底栖无脊椎动物群落的结构和功能状况所组成的底栖无脊椎动物完整性指数是评估河湖水生态状况应用最普遍的指标。

（3）鱼类。鱼类是河流生态系统中最重要的生物类群之一，作为生态系统中主要的捕食者，对整个河流生态系统的物质循环和能量流动起着重要作用。同时鱼类还有其他水生生物无法比拟的服务功能，鱼类对水体污染的敏感性及直接的指示作用，已广泛应用于河流生态系统健康的评价中。鱼类的恢复对于河流生态系统的稳定和发展具有重要意义。

3.3.2　已有调查成果

1982～1983 年，郭智明（1984）选取滦河干支流 14 个采样点，进行不同时期的三次底栖动物调查采样，共取样品 68 个，获得生物 76 种。经鉴定隶属于双翅目 31 种,其中摇蚊亚科 16 种,直突摇蚊亚科 6 种,粗肤摇蚊亚科 4 种,寡角摇蚊亚科及大蚊属各 1 种,其他昆虫 3 种,鞘翅目 6 种。蜉蝣目、毛翅目各 5 种,褶翅目、半翅目各 3 种,蜻蜓目 4 种,寡毛类 11 种,十足目、端足目、蛙类、鳞翅目、广翅目各 1 种,软体类 3 种。

王所安等(1985)于 1982 年 5 月和 8 月对滦河鱼类开展了两次调查,用以在引滦入津工程开始输水前了解滦河水系自然鱼类种群的组成和区系。调查结果发现滦河流域有鱼类 6 目 8 科 28 种。当潘家口水库建成后,其又分别于 1987～1989 年和 2001～2002 年进行过 2 次浮游植物调查。第一次调查鉴定出浮游植物 8 门 83 属,第二次调查鉴定了 8 门 51 属(王所安 等,2001)。

根据 2001 版《河北动物志·鱼类》(王所安 等,2001)记录,滦河水系已知淡水鱼类共有 21 种,其中鲤形目为 18 种,占总数的 85.7%,是构成滦河淡水鱼的基础,鲑形目、刺鱼目、鲈形目各有 1 种。从滦河鱼类分布水域的地理位置及区系特点,又可将其分为江河平原鱼类和山地高原鱼类。鲤形目中的大部分鱼种都属于平原鱼,共 13 种,占总数的 61.9%;山地、高原鱼类有名贵鱼种鲑形目细鳞鱼、刺鱼目中华多刺鱼以及鲤形目中的洛氏鱲、北方泥鳅、北鳅等,占总数的 23.8%,主要分布在冀北山地高原区的围场、塞罕坝与张北地区;鲤形目中的鲤、瓦氏雅罗鱼、泥鳅在山区与平原地区均有分布。

纪炳纯等(2006)于 2001 年和 2002 年在潘家口－大黑汀水库及上游开展了底栖动物调查,共采集底栖动物 57 种,其中以水生昆虫为最多,共 37 种(摇蚊幼虫 27 种),占全部种类的 65%;环节动物 11 种,占 19%;软体动物 5 种,占 9%;其他类群包括水螅、水螨、水生线虫和虾类共 4 种,占 7%。

2007 年 10 月,王琳等对滦河中游段底栖动物进行野外调查,自潘家口水库逆河而上,选取人工干扰较少、流速稳定的地段进行底栖生物采集,共设乌龙矶、三道河、张百湾、西沟、太平庄、郭家屯、苏家店和外沟门 8 个样点。从 8 个采样点共采集到底栖动物 37 种,隶属 10 个目,24 个科。其中水生昆虫有 30 种,占 81.1%;寡毛类 3 种,占 8.1%;软体类 2 种,占 5.4%;其他 2 种,占 5.4%。底栖生物平均密度为 1 128 个/m²,其中蚊石蛾科小蚊石蛾属 1 种居首位,占总个数的 26.6%;其次为四节蜉属 1 种,占总个数的 21.2%;直突摇蚊居第三,占总个数的 9.7%,随后为四节蜉 Baetiella 属 1 种(占 9.1%)、舌石蛾属 1 种(占 9%)。底栖动物平均生物量为 5.4 g/m²,按类群组成分,蚊石蛾科侧支蚊石蛾亚属 1 种居首位,约占总生物量的 40%;其次为铰剪春蜓,约占总生物量的 21%;软体动物椭圆萝卜螺居第三,占总生物量的 12%;随后为四节蜉属 1 种(占 4.2%),寡毛类生物量极小。底栖动物数量总体分布不均,苏家店采样点水质较好,水流缓慢,底栖动物密度和生物量均较大,分别达到 4 155 个/m² 和 20 g/m²。而在乌龙矶采样点分别为 55 个/m² 和 0.99 g/m²。外沟门样点,由于其上有小型水库,放水时有大量泥沙下泄,此处底质为细沙,不稳定,底栖动物密度和生物量都很小,分别为 222 个/m² 和 0.26 g/m²。生物多样性最高的站点出现在太平庄和西沟,外沟门和张百湾最低,与生物量的变化趋势并不相同。

2011 年黎洁等(2011)对滦河水系浮游动物多样性开展调查与分析,发现滦河水系浮游动物以原生动物为主,占浮游动物种类组成的 45.07%;轮虫次之,占 39.44%;枝角类较少,占 8.45%;桡足类种类最少,仅占 7.04%。

3.3.3　采样分析结果

为了对研究区内的近年来的水生生物的状况进行细致且较全面的调查,分别于 2011 年度汛期(7 月上旬)和非汛期(10 月上旬)在滦河布设监测点位进行野外采样作业(见图 3-10)。采样方法采用中国生态系统研究网络观察与分析标准方法和《湖泊生态调查、观测与分析》(黄翔飞,2000),并根据样点实际情况做适当调整。样品鉴定工作主要在实验室中完成。

对于浮游植物的调查,2011 年 7 月的调查中共发现浮游植物共计 6 门 34 属,其中闪电河水库样点发现浮游植物种类最多,为 12 种,其次为郭沟桥样点(10 种),郭家屯和外沟门样点种类最少,分别为 4 种和 3 种。10 月的调查中共发现浮游植物共计 8 门 55 属,其中潘家口水库坝上样点发现浮游植物种类最多,为 24 种,其次为潘家口样点,为 19 种,张百湾和闪电河水库样点种类最少,分别为 11 种和 12 种。

底栖动物采集工作对于站点的选择基本可以代表滦河干流的整体特征。结果(见表 3-12)显示滦河干流共有底栖动物 94 种,隶属于 5 门 14 目。节肢动物 76 种,其中蜉蝣目 15 种,毛翅目 16 种,双翅目 23 种,鞘翅目 12 种,蜻蜓目 4 种;软体动物 3 种,其中腹足纲 1 种,瓣鳃纲 2 种;环节动物 11 种,其中寡毛纲 6 种,蛭纲 5 种,线形动物门 3 种,扁形动物门 1 种。从底栖动物种类的分布来看,滦河上游的底栖动物种类丰富,在一些有溪流特征的河段,水生动物的种类较为丰富,一些对水质敏感的蜉蝣目、毛翅目类群均有分布。到滦河干流,种类多样性降低,鞘翅目、寡毛类和摇蚊类分布较多。也有一些流速较小的河湾区域有螺类(主要是萝卜螺类)和虾类分布。在潘家口水库区,基本上除有耐受污染类的摇蚊和寡毛类分布外,别无其他种类。潘家口水库以下,河道干涸,基本处于断流状态,在一些基本处于静态的水体种也有底栖动物分布,基本上是摇蚊、寡毛类、螺类和鞘翅目类分布。从种类组成上看,滦河流域底栖动物在汛期和非汛期的差异不大,而对于采样点来讲,河道左右岸边的种类没有明显差异,密度有一定的差异。

图 3-10　滦河流域水生生物采样点示意图

表 3-12　滦河流域底栖动物种类组成

门 phylum	目 order	种 species
节肢动物门 Arthropoda	蜉蝣目 Ephemeroptera	扁蜉科 *Ecdyuridae* spp.
		四节蜉科一种 *Baetidae* sp.
		蜉蝣科一种 *Ephemeridae* sp.
		蛹 *pupae*
		蜉蝣属一种 *Ephemera* spp.
		成虫 *adult*
		蜉蝣目一种 *Ephemeroptera* sp.
		蜉蝣目一种 *Ephemeroptera* sp.
		蜉蝣目一种 *Ephemeroptera* sp.
		花鳃蜉科一种 *Potamanthidae* sp.
		蜉蝣属一种 *Ephomeridae* sp.
		扁蜉科一种 *Heptageniidae* sp.
		小蜉科一种 *Ephemerellidae* sp.
		扁蜉科一种 *Heptageniidae* sp.
		细蜉科一种 *Caenidae* sp.
	毛翅目 Trichoptera	小纹石蛾属一种 *Cheumatopsyche* sp.
		瘤石蛾科一种 *Lepidostomatidae* sp.
		鳞石蛾科属一种 lepidostomatidae sp.
		纹石蛾属一种 *arctopsyche* sp.
		毛翅目一种 Trichoptera sp.
		小石蛾科 Hydroptilidae sp.
		纹石蛾科一种 *arctopsyche* sp.
		纹石蛾科一种 *arctopsyche* sp.
		侧枝蚊石蛾亚属一种 *Ceratopsyche* sp.
		纹石蛾科一种 *arctopsyche* sp.
		小石蛾属 *Hydroptila* sp.
		小石蛾科 *Hydroptilidae* sp.

续表 3-12

门 phylum	目 order	种 species
节肢动物门 Arthropoda	双翅目 Diptera	双翅目一种 *hellcopsyche* sp.
		双翅目一种 *melanotrichia* sp.
		双翅目一种 *helicopsychidae* sp.
		菱跗摇蚊属一种 *Clinotanypus* sp.
		双翅目一种 *tabanidae* sp.
		摇蚊亚科一种 *Chironominae* sp.
		大蚊科一种 *holorusie* sp.
		摇蚊科一种 *Chironomidae* sp.
		粗腹摇蚊亚科一种 *labrundinia* sp.
		摇蚊亚科一种 *stenachironomus* sp.
		直突摇蚊亚科一种 *paracricotopus* sp.
		直突摇蚊亚科一种 *mesosmittia* sp.
		摇蚊亚科一种 *beardius* sp.
		直突摇蚊亚科 *Orthocladiinae* sp.
		粗腹摇蚊亚科 *Tanypedinae* sp.
		摇蚊亚科成虫 *Chironominae adult*
		劳氏长跗摇蚊 *Tanytarsus Lauterborni Kieff*
		粗腹摇蚊亚科一种 *epoicocladius* sp.
		摇蚊亚科一种 *pseudochironomus* sp.
		直突摇蚊亚科一种 *pseudosmittia* sp.
		粗腹摇蚊亚科一种 *pentaneura* sp.
		粗腹摇蚊亚科一种 *paramerina* sp.
		直突摇蚊亚科一种 *epoicocladius* sp.
		直突摇蚊亚科一种 *Orthocladiinae* sp.
		花翅前突摇蚊 *Proclakius choreus*
		蛹 *pupae*

续表 3-12

门 phylum	目 order	种 species
节肢动物门 Arthropoda	鞘翅目 Coleoptera	牙虫科一种 *Hydrophilidae* sp.
		水甲科成虫 *Hygrobiidae* adult
		飘龙虱 *agobus*
		潜水龙虱 *coelambus*
		牙虫属一种 *Hydrophilus* sp.
		豉虫科一种 *Gyrinidae* sp.
		龙虱科一种 *Dytiscidae* spp.
		叶甲科一种 *Chrysomelidae* sp.
		牙虫属一种 *Hydrophilus* sp.
		斑龙虱 *platambus*
		小牙虫 *Hydrophilus*
		尖音牙虫 *berosus*
	蜻蜓目 Odonata	箭蜓科一种 *gomphidae* sp.
		蜓科一种 *gynaeanthae* sp.
		蜓科一种 *aeschnidae* sp.
		箭蜓科一种 *gomphidae* sp.
	蛛形纲 Arachnid	蛛形纲一种 *Arachnida*
		蛛形纲一种 *argyonetidae*
		水蜘蛛 *argyroneta aquatica*
		水蜘蛛一种 *Argyronetidae* spp.
	十足目 Decapoda	长臂虾属一种 *palaemon* sp.
		米虾 *caridina nilotica gracilipes*
	半翅目 Hemiptera	小划蝽 *Micronecta quadriseta Lundblad*
软体动物门 Mollusca	腹足纲 Gastropoda	萝卜螺属一种 *Radix* sp.
	瓣鳃纲 Lamellibranchia	球蚬属一种 *Sphaerium* sp.
		河蚬 *Corbicula fluminea*（*Müller*）

续表 3-12

门 phylum	目 order	种 species
环节动物门 Annelida	蛭纲 Hirudinea	蛭纲一种 *Hirudinea* sp.
		巴蛭属一种 *barbronia* sp.
		扁蛭属一种 *golssiphonidea* sp.
		石蛭属一种 *herpobdella*. sp
		鱼蛭属一种 *lchthyobdellidea* sp.
	寡毛纲 Oligochaeta	尾鳃蚓属一种 *Branchiura Beddard* sp.
		寡毛纲一种 *Oligochaeta* sp.
		霍甫水丝蚓 *Limnodrilus hoffmeisteri Claparède*
		苏氏尾鳃蚓 *Branchiura sowerbyi Beddard*
		水丝蚓属一种 *Limnodrilus* sp.
		仙女虫科一种 *Naididae* sp.
线形动物门 Nematomorpha		线虫一种 *Nematoda* sp.
		铁线虫 *Gordiacea Von Stebold*
		铁线虫属一种 *Gordius* sp.
扁形动物门 Platyhelminthes		真涡虫属一种 *Planaria* sp.

　　与之前的相关调查研究比较,滦河鱼类物种多样性下降明显,河道受水体污染及人工干扰影响,野生鱼类(见表 3-13)种类少、数量低,只有 11 种。在部分自然河段有常见鱼类分布,此外在城镇橡胶坝区和河道挖沙产生的静水坑有少数小型鱼类生存,洄游性鱼类和一些大型经济性鱼类极其少见;而养殖鱼类相对种类多、数量高,主要分布于庙宫水库和潘家口水库,其中潘家口水库(见表 3-14)除网箱养殖的鲢、鳙等品种外,还有其他种类共计 22 种,是滦河流域鱼类资源最为丰富的区域。整体来看,其中鲤形目最多,鲇形目和鲈形目次之,刺鳅目、合鳃目和鲟形目最少,其中潘家口水库与滦河野生鱼类种类重合 10 种。鲤科鱼类所占比例超过 50%。此外,小型鱼类、小个体鱼类所占比例较大。调查结果显示,洄游性鱼类如鲈形目的数量减少,大型经济性鱼类如鳜鱼和鳊鱼也没有见到。耐污性的鲫鱼数量和人工养殖种类的四大家鱼(青鱼、草鱼、鲢鱼、鳙鱼)数量较多。此次调查未能发现滦河流域著名的细鳞

鱼。生境退化是其数量下降的主要原因。

表 3-14　潘家口水库鱼类种类组成

目 order	科 family	种 species
鲤形目 Cypriniformes	鲤科 Cyprinidae	鲤 *Cyprinus carpio*
		鲫 *Carassius auratus*
		餐鲦 *Hemicculter Leuciclus*（*Basilewaky*）
		鳙 *Aristichthys nobilis*
		鲢 *Hypophthalmichthys molitrix*
		蛇鮈 *Saurogobio dabryi*
		麦穗鱼 *Pseudorasbora parva*
		棒花鱼 *Abbottina rivularis*
		马口鱼 *Opsariichthys bidens*
		翘嘴红鲌 *Erythroculter ilishaeformis*
		棒花鮈 *Gobio rivuloides*
		唇鱛 *hemibarbus labeo*（*pallas*）
		白鲦 *Hemiculter leucisculus*
	鳅科 Cobitidae	泥鳅 *Misgurnus anguillicaudatus*
		花鳅 *Cobitis taenia Linnaeus*
		大鳞副泥鳅 *Paramisgurnus dabryanus*
刺鳅目 Mastacembeliformes	刺鳅科 Mastacembelus aculeatus	刺鳅 *Mastacembelus aculeatus*
鲇形目 Siluriformes	鲿科 Bagridae	黄颡 *Pelteobagrus fulvidraco*
	鲇科 Siluridae	鲇 *Parasilurus asotus*
合鳃目 Synbranchiformes	合鳃科 Synbranchidae	黄鳝 *Monopterus albus*
鳢形目 Ophiocephaliformes	鳢科 Ophiocephalidae	乌鳢 *Ophiocephalus argus Cantor*
鳉形目 Cyprinodontiformes	青鳉科 Cyprinodontidae	青鳉 *Oryzias latipes*（*Temminck et Schlegel*）

表 3-13　滦河流域野生鱼类种类组成

目 order	科 family	种 species
鲤形目 Cypriniformes	鲤科 Cyprinidae	餐鲦 *Hemicculter Leuciclus*（*Basilewaky*）
		蛇鮈 *Saurogobio dabryi*
		麦穗鱼 *Pseudorasbora parva*
		棒花鱼 *Abbottina rivularis*
		马口鱼 *Opsariichthys bidens*
		翘嘴红鲌 *Erythroculter ilishaeformis*
		棒花鮈 *Gobio rivuloides*
		唇鳖 *hemibarbus labeo*（*pallas*）
	鳅科 Cobitidae	泥鳅 *Misgurnus anguillicaudatus*
鳉形目 Cyprinodontiformes	鰕虎鱼科 Gobiidae	普氏鰕虎 *Acentrogobius pflaumii*
	青鳉科 Cyprinodontidae	青鳉 *Oryzias latipes*（*Temminck et Schlegel*）

　　滦河流域整体受到人类干扰较为严重,自上游至潘家口水库库区,兴建有密集的水利工程设施,此外,还有城镇河段的阶梯式橡胶坝、河道垃圾堆积、严重的河道挖沙及产生的静水坑等,对滦河的水生生物有极其严重的影响。虽然水利工程拓展了渔业水域,给鱼类主要是一些敞水性鱼类扩大了生存发展的空间,给当地渔业的增养殖引进推广新技术、新工艺、新品种持续发展提供了广阔的地盘。但是对鱼类发展的负面影响更大,大坝阻隔了鱼类洄游通道,给江河鱼类产卵洄游、索饵洄游、越冬洄游人工设置了不可逾越的屏障,而且大坝上游淹没了鱼类产卵场。同时由于水库消落区水位不稳定,水生植物损失殆尽,陆生植物也难以生长,产卵鱼类缺少黏性卵附着的基本条件。而潘家口水库以下河段基本上处于季节性断流或纯污水排放状态。滦河流域的鱼类,在水质恶化、外来种入侵、水量减少、河道自然状态破坏及众多水利工程兴建的共同作用下,鱼类种类多样性下降明显。目前在滦河河道中基本没有产业化的水产养殖业。

3.4　水土流失状况分析

　　滦河流域土壤侵蚀有风蚀和水蚀两种主要形态。其中,内蒙古及河北省高原地区以风蚀为主,兼有水蚀;滦河中游冀北山地以水蚀为主,北部滦河源头地区兼有风蚀;滦河下游的南部石质山区兴隆、宽城等县重力侵蚀、泥石流和滑坡时有发生。

　　由于流域内山高坡陡、暴雨强度大、土壤抗蚀性差,加之滥砍乱伐、陡坡开荒、过度放牧、开山采石以及旅游开发、生产建设项目过程中各种人类不合理活动的影响,流域水土流失和土地沙漠化日趋加重,局部地区出现恶化趋势。主要表现在:一是坝上地区草场退化、土地沙化和碱化情况加重;二是土壤肥力下降,耕地因生产力下降逐年减少;三是淤塞水库,抬高河床;四是潘家口入库水质下降,氮、磷含量增加,呈轻度富营养化。

　　2006 年水利部公布了《水利部关于划分国家级水土流失重点防治区的公告》,滦河预防保护区(包括兴隆县、沽源县、滦平县、丰宁满族自治县、围场满族自治县、隆化县、承德县、平泉县、宽城满族自治县和承德市辖区等)被划为国家重点预防保护区,即滦河流域上中游作为国家级水土流失重点预防保护区。

　　据遥感影像分析,2007 年滦河流域水土流失面积为 19 945.83 km²,其中轻度流失面积为 11 561.96 km²,占 58%;中度流失面积为 7 975.17 km²,占 40%;强度流失面积为 408.70 km²,占 2%。水土流失面积统计见表 3-15。

　　滦河水土保持工作面临着水土流失治理难度大、预防人为水土流失面临新的挑战、资金投入严重不足等问题。解决好山区水问题,开展预防保护和进行局部恢复性治理是今后一段时期水土保持生态建设的主要工作内容。

表 3-15　2007 年水土流失面积统计

行政分区		流失类型	流失面积(km²)			
地级	县级		轻度	中度	强度	合计
承德市	丰宁县	水蚀、风蚀	1 880.25	810.25	24.50	2 715.00
	围场县	水蚀、风蚀	1 121.46	1 899.79	11.60	3 032.85
	隆化县	水蚀	1 010.00	1 329.00	32.00	2 371.00
	滦平县	水蚀	710.40	166.00	2.00	878.40
	三区	水蚀	376.40	60.00	2.00	438.40
	承德县	水蚀	2 032.40	210.00		2 242.40
	兴隆县	水蚀	413.40	464.00		877.40
	宽城县	水蚀	540.47	288.00		828.47
	平泉县	水蚀	833.02	41.00		
全市小计			8 917.80	5 268.04	72.10	14 257.94

续表 3-15

行政分区		流失类型	流失面积（km²）			
地级	县级		轻度	中度	强度	合计
唐山市	市区	水蚀	19.86			19.86
	古冶区	水蚀		21.00		21.00
	开平区	水蚀、风蚀		22.40		22.40
	丰润区	水蚀	209.81	104.44	3.39	317.64
	迁西县	水蚀	132.20	431.20	61.60	625.00
	迁安市	水蚀、风蚀	283.00	223.00	100.00	606.00
	滦县	水蚀	279.60	99.17		378.77
	遵化市	水蚀	515.73	231.46	116.16	863.35
	玉田县	水蚀	78.60			78.60
	全市小计		1 518.80	1 132.67	281.15	2 932.62
秦皇岛市	青龙县	水蚀、风蚀		1 102.60	44.52	1 147.12
	卢龙县	水蚀	399.26	165.28	10.93	575.47
	昌黎县	水蚀	54.90	246.58		301.48
	抚宁县	水蚀	663.57			663.57
	三区	水蚀	7.63	60.00		67.63
	全市小计		1 125.36	1 574.46	55.45	2 755.27
合计			11 561.96	7 975.17	408.70	19 945.83

3.5　土地利用状况分析

3.5.1　土地利用动态演变

　　滦河流域各生态区土地利用组成具有各自的特点。基于 1985 年、2000年、2005 年和 2010 年的卫星遥感影像提取了土地利用组成数据,统计结果如图 3-11 所示。

　　分析上述土地利用类型组成可知,滦河流域土地利用构成排序大致为:林

地 > 耕地 > 草地 > 居民地 > 未利用地 > 水域。较 1985 年,林地面积明显增加,未利用地(主要是沙地)明显减少,与这些年沙漠化治理等生态修复措施相关。而流域内近年来城镇面积增加,草地、水域面积大幅减少,城镇耕地面积有所增加,大量未利用地被开发,呈现出城市化转变的特点。

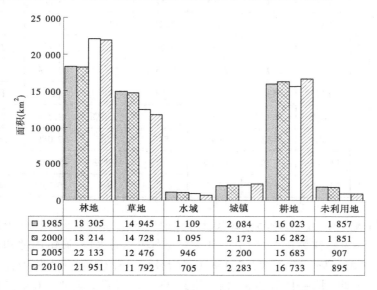

	林地	草地	水域	城镇	耕地	未利用地
□ 1985	18 305	14 945	1 109	2 084	16 023	1 857
▨ 2000	18 214	14 728	1 095	2 173	16 282	1 851
□ 2005	22 133	12 476	946	2 200	15 683	907
▨ 2010	21 951	11 792	705	2 283	16 733	895

图 3-11　滦河流域 1985~2010 年土地利用组成变化

3.5.2　土地利用类型转移调查评价

通过对 1985 年和 2010 年的土地利用类型进行统计,得到这 25 年间土地利用类型的转移状况,见表 3-16。

表 3-16　滦河流域 1985~2010 年土地利用类型转移状况

变化前土地利用类型	变化后土地利用类型的面积(km²)						合计
	林地	草地	水域	城镇用地	未利用地	耕地	
林地	14 890	2 179	17	28	24	1 171	18 309
	81.3%	11.9%	0.1%	0.2%	0.1%	6.4%	
草地	4 847	7 669	49	95	301	1 991	14 952
	32.4%	51.3%	0.3%	0.6%	2.0%	13.3%	

变化前土地利用类型	变化后土地利用类型的面积（km²）						合计
	林地	草地	水域	城镇用地	未利用地	耕地	
水域	111	40	418	57	1	481	1 108
	10.0%	3.6%	37.7%	5.1%	0.1%	43.4%	
城镇用地	67	39	49	1 532	2	395	2 084
	3.2%	1.9%	2.4%	73.5%	0.1%	19.0%	
未利用地	141	539	6	22	547	603	1 858
	7.6%	29.0%	0.3%	1.2%	29.4%	32.5%	
耕地	1 884	1 321	166	547	20	12 089	16 027
	11.8%	8.2%	1.0%	3.4%	0.1%	75.4%	
2010 年合计	21 940	11 787	705	2 281	895	16 730	54 338

　　分析表 3-16 可知,1985~2010 年,林地中 81.3% 维持不变,11.9% 转移为草地,6.4% 转移为耕地,剩下的 0.4% 分别转移为水域、城镇用地和未利用地;草地中 51.3% 维持不变,32.4% 转移为林地,13.3% 转移为耕地,2.0% 转移为未利用地;水域中 37.7% 维持不变,43.4% 转移为耕地,10% 转移为林地,5.1% 和 3.6% 分别转移为城镇用地和草地;城镇用地中 73.5% 维持不变,19% 转移为耕地,3.2%、2.4% 和 1.9% 分别转移为林地、水域和草地;未利用地中 29.4% 维持不变,32.5% 转移为耕地,29% 转移为草地,还有 7.6% 转移为林地;耕地中 75.4% 维持不变,11.8% 转移为林地,8.2% 和 3.4% 分别转移为草地和居民地。转移比例最大的是未利用地(29.4%),转移比例最小的是林地和耕地(分别为 81.3% 和 75.4%);耕地和林地与其他各土地利用类型转移最为频繁。

第4章　滦河流域分级控制单元体系的构建及养分污染负荷研究

4.1　滦河流域分级控制单元体系的构建

流域控制单元划分是进行河流水生态治理与保护的重要基础工作。它基于流域生态系统的层次结构与空间特征差异,划分不同的控制单元,方便相关研究者和管理人员进行流域水质模拟,进而实行目标管理。

4.1.1　控制单元划分的原则及方法

控制单元的划分应结合行政区划和流域水系的特点,将一个复杂的流域划分为数个既相互独立又相互联系的单元,使复杂的系统性问题分解为相对独立的单元问题,通过解决各单元内水污染问题和处理好单元间的关系,实现各单元的实质目标和流域水质目标,达到保护水功能的目的。

4.1.1.1　控制单元划分要素

基于水环境质量管理的控制单元划分主要包括汇水区域、污染源、水质目标三个要素。汇水区域主要是指影响控制单元主控断面的汇流区,它可以对流域水系和汇流特征进行表征。污染源(包括点源和非点源)的相关信息主要包括污染源的主要类别、结构、所处位置、排放方式、排放规律、排放去向、污染物负荷等。水质目标反映了控制单元最终所要实现的水质改善程度。

4.1.1.2　控制单元的划分原则

(1)分级划分原则。根据流域范围大小、河网密度、径流等特征的不同,可以采取分级划分控制单元的原则。

(2)设置清洁区域边界的原则。将水质目标较高的区域设置为控制单元之间的边界,以便于进行各个单独控制单元的水质目标管理。

(3)水体特征隔离原则。将河流、湖泊、水库及河口的交汇断面作为控制单元的边界,以便于分别进行不同类别水体规划。

(4)行政区划与子流域融合原则。是指在划分时同时考虑河段子流域范围与行政区边界,使得在数据统计分析、项目设计、公众参与、目标管理方案实施与监控等方面,便于管理,易于操作。考虑到我国行政管理的实际情况,为便于水质目标管理方案的落实,原则上控制单元不跨行政区范围。

(5)便于管理的原则。划分结果应有利于进行污染源管理,便于分清污染责任。

4.1.1.3　控制单元划分步骤

1.相关地理信息数据的收集

获取研究区域基础地理信息数据,包括数字高程模型(Digital Elevation Model,DEM)、流域边界、行政区划图、水功能区划图、水质控制断面分布、水文站分布等。

2.地理信息数据的处理

应用 ArcGIS 对各种基础数据进行分析,获取研究区域的流域界限、水系、行政界线等。

3.控制单元划分

根据划分原则中保证行政区划边界完整原则以及清洁区域边界原则,将整个研究区作为一级控制单元,行政区划图和流域水系图进行叠加后得到二级控制单元划分结果。形成两套二级控制单元,即二级子流域控制单元和以各县为独立单元的二级县界控制单元。

遵循水体特征隔离原则,将河流、水库、湖泊、汇水口等进行综合考虑,得到二级子流域控制单元。同时避免出现同一控制单元中有不同的水质需求这种情况出现。

同时根据行政管理隔离原则,将初步划分结果进行调整,以做到控制单元不跨行政界。

4.1.2　滦河流域分级控制单元划分的结果

根据上述原则和方法,本书主要应用矢量河网图、行政区划图和数字高程 DEM 图生成各级控制单元。

数字高程模型(DEM)是美国麻省理工学院 Chaires L. Miier 教授于1956年提出来的,是将一定精度摄影测量或其他技术手段所得地形数据用离散数字形式在计算机中进行表示并应用分析的 GIS 手段,在测绘、遥感、地质、土木工程、水利、建筑、农林规划等多个领域取得广泛应用。在水文模型中,DEM 主要用于提取地形地貌指数,并能够准确而快捷地生成河道和分水岭,从而确定子流域。

由于 ArcGIS 软件的发展和数字高程数据的日益丰富,基于 DEM 数据生成数字河网的算法越来越完善。经过近十几年的发展,在 Jenson 和 Dominique 工作的基础上已经开发出了不少水系提取工具。其主要工作原理为:①根据所提供的 DEM 数据的 8 个相邻单元格网中最大坡度确定水流的方向;②累积流向这个单元格所有的水流总量,由此确定一个合理的汇水面积阈值;③将不低于此阈值的单元格标记为水系的一部分,由此可以直接产生一个连续的水流线。此水流线即为所求河网。

　　控制单元划分用到的河网图是从已有的海河流域水系图中剪裁出来的。而本书中所用到的 DEM 图为海河流域的 90 m 分辨率数字高程图(见图 4-1),用同样采取剪裁的方法提取滦河流域 DEM 图(见图 4-2)。

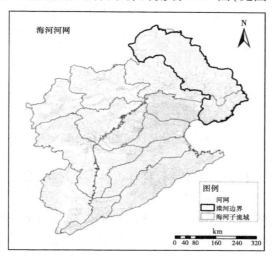

图 4-1　海河流域河网数据图

　　通过观察滦河流域 DEM 图可知,滦河流域大部分属于山区,整个河网生成效果会比较好。以加工处理好的河网和数字高程图作为输入,利用 ArcSWAT 刻画与生成河网并根据真实河网做相应的删减与修整,并根据相应的经纬度加载水质测站的站点位置,以定位需要在 SWAT 中增加的汇水单元节点。

　　考虑到在流域中有的县(市)面积过小,忽略不计。所以,根据以上步骤,最终把滦河流域分别划分为 12 个子流域 20 个主要县(市)的二级区,并在此基础上将子流域和西安市相融合,生成 49 个三级控制单元。

　　划分结果见图 4-3 ~ 图 4-5。

图 4-2   滦河流域数字高程图

4.2   SPARROW 模型概述

SPARROW(SPAtially Referenced Regressions On Watershed Attributes)模型是由美国地质调查局开发的一个经验统计与机制过程相结合的流域空间统计模型,用于定量化描述流域及地表水体的污染物来源和迁移过程。模型使用了一个包含污染物输入及迁移组分的统计估计的非线性回归方程,它包括地表水流路径、非保守型输移过程和质量守恒等约束条件。SPARROW 模型可以将监测站点的水质数据与影响污染物迁移的污染源相关数据关联起来,对回归方程进行参数估计。模型的统计估计也为模型系数和水质预测中的不确定性提供了评价的方法。

4.2.1   模型的机制

SPARROW 模型主要包括四个重要概念:①每个流域空间单元上与土地利用相关的污染源,沿山坡坡面迁移到河流,对河流生态系统产生影响;②每个单元的污染载荷随着向下迁移而降低,衰减速率与迁移路线的土地覆盖类型和河流特性有关;③河流生态系统污染载荷的强度,由所有上游单元产生的

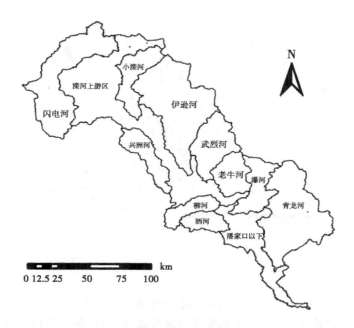

图 4-3　滦河流域二级子流域划分结果

图 4-4　滦河流域二级县（市）划分结果

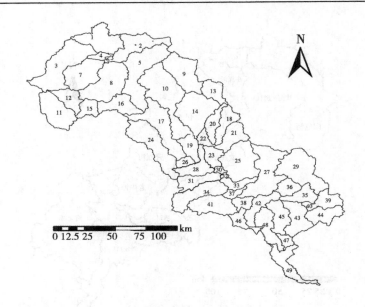

图4-5 滦河流域三级控制单元划分

累积剩余载荷决定;④河流生态系统的条件或完整性,是由在该位置累积的污染负荷对生态系统完整性的响应函数决定的。

SPARROW 模型是将入河营养物质负荷与上游污染源和土地利用特性相联系的一种统计模型。通过空间连接营养盐来源、土壤特性完成空间参照,并将信息加载到河流地理信息数据集中,为关联上下游负载网络服务。图 4-6假定某流域共有三个子流域,每个子流域各有三个河段,监测站点分别设在A、B、C 三个点。每一河段的营养物质输入都包括从上游传输的负荷量和在流域内部产生的直接进入河道的负荷量。陆地土壤特性会影响迁移到河段的营养盐,例如,土地平均表面斜率是计算迁移速率的一个考虑因素。模型中的所有参数保留了空间参照,这使得预测结果能在空间上得以表达和解释。

SPARROW 模型是基于质量守恒原理建立的,其数学原理的核心是非线性回归方程,在方程中,依据对景观过程和河道过程产生的损失估算来对污染源数据添加权重。将进入河道的上游污染物量作为模型的因变量来对模型进行校正。该模型估算河流污染负荷涉及三种自变量,且每种自变量都有各自的参数,参数估算方法是对回归方程进行最小二乘运算。估算的同时对参数进行假设检验,以评价此种自变量在解释河道中污染物负荷的空间变化时的统计显著性。

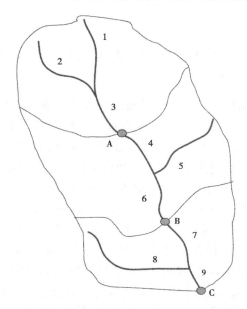

图 4-6　流域概化示意图

从概念上讲,一个河段的污染物负荷量由两个部分组成(Schwarz etal, 2006),即河段负荷量 = 上游河段产生的并经由河网迁移到本河段的污染物量 + 本流域范围内产生的并迁移到河道内的污染物量。

SPARROW 非线性回归方程的数学形式可以写成(Alexander et al,2002):

$$F_i = \left\{ \sum_{n=1}^{N} \sum_{j \in J(i)} S_{n,j} \beta_n \exp(-\alpha' Z_j) H_{i,j}^S H_{i,j}^R \right\} \varepsilon_i \tag{4-1}$$

式中:F_i 为河段 i 的负荷;n 为污染源编号索引;N 为考虑的污染源的总数;$J(i)$ 为包含河道 i 在内的其上游所有河道的集合;$S_{n,j}$ 为水体 j 所在小流域中的污染源 n 产生污染物质量;β_n 为污染源 n 的系数;$\exp(-\alpha' Z_j)$ 是一个指数函数,表示传递到水体 j 的有效营养物质的比例;$H_{i,j}^S$ 为在水体 j 中产生并传输到水体 i 的比例,作为河流中的一阶过程衰减函数;$H_{i,j}^R$ 为在水体 j 中产生并传输到水体 i 的比例,作为湖库中的一阶过程衰减函数;ε_i 为误差范围。

该理论模型可通过数学函数进一步规范化。F_i^* 表示模型中离开河段 i 的污染物的负荷估计。该负荷与河段 i 的上游输出负荷相关,用 F_j' 表示,其中 j 表示河段 i 上游集合 $J(i)$,包括增加的河段节点 i 内产生的额外负荷。在多数情况下,上游河段集合 $J(i)$ 由两个组成,或者河段 i 是水流交汇形成,或者在河段 i 为上游河段的情况下没有河段存在(见图 4-6)。确定河段 i 负荷的关系式如下：

$$F_i^* = \Big(\sum_{j \in J(i)} F_j' \Big) \delta_i A(Z_i^S, Z_i^R; \theta_S, \theta_R) + \Big(\sum_{n=1}^{N_S} S_{n,i} \alpha_n D_n(Z_i^D; \theta_D) \Big) A'(Z_i^S, Z_i^R; \theta_S, \theta_R)$$

$$(4\text{-}2)$$

式中，第一个总和项代表了上游河段输出负荷及传输到下游河段 i 的负荷，其中 F_j' 等于测量负荷，如果上游河段被监测并以 F_j^M 的形式给出，如果没有被监测则以模型评估负荷 F_i^* 的形式给出。δ_i 为上游河段传输到河段 i 的比例，如果河流无分流，则将其设为 1。而在多数应用过程中，该因子被定义为传输至河段 i 的上游河段输出分数，如果河流传输分数未知，有可能将其定义为河流特征功能参数，以用于对来自河道的负荷进行评估。例如，确定河段 i 转移负荷的有用信息包括河段网络是否在河段 i 有负荷转移，负荷转移是否与下游主要河道有关（在这种情况下分支流是交叉河道的一部分）。$A(Z_i^S, Z_i^R; \theta_S, \theta_R)$ 是负荷转移功能参数，它体现了水流沿路径的稀释作用，该功能参数定义了在上游节点进入河段 i 并转移到下游节点的负荷比例。该因子是测量河流和水库特征的函数，用向量 Z^S, Z^R 表示，对应的系数向量为 θ_S, θ_R。如果河段 i 是河流，那么只有 Z^S 和 θ_S 项决定着 $A(Z_i^S, Z_i^R; \theta_S, \theta_R)$ 的值；相反，如果河段 i 是水库，那么确定 $A(Z_i^S, Z_i^R; \theta_S, \theta_R)$ 的项为 Z^R 和 θ_R。

第二个总和项代表了在河段 i 处进入河网的负荷。该项由特定的源负荷组成，以 $n = 1, 2, \cdots, N_S$ 表示。与每个来源相关的量是源变量，表示为 S_n。根据污染来源的特性，该变量代表转移进入河流中的源变量的质量或特定的土地利用面积。变量 α_n 为来源特性系数，该系数将源变量单位转化成负荷单位。方程 $D_n(Z_i^D; \theta_D)$ 代表陆 - 水迁移因子。对于景观来源，以上因子及来源特征系数决定了传输到河流中污染物的量。陆 - 水迁移因子表示为 Z_i^D，是一个有关传输变量向量的特征来源式，相关的系数向量为 θ_D。对于点源，若通过测量（单位与负荷单位相同）直接排入河道中的量来描述（如市政污水负荷以 kg/a 来计），则迁移因子应为 1.0，没有潜在的因子作为决定因素，污染源特征系数应该接近 1.0。式中最后一项为 $A'(Z_i^S, Z_i^R; \theta_S, \theta_R)$，代表了河段 i 内及转移到该河段传输到下游节点的负荷分数。该项在形式上与负荷式中第一个定义的河流传输因子相似，然而，在 SPARROW 模型默认的假设中如果河段 i 被归类为河流，由河段内增加的污染物以河段内全部河流传输量的平方根处理。该假设与以下假设一致，即污染物在河段 i 中点被引入河段网络，因此其传输时间为河段传输时间的一半。对于被分类为蓄水单元的河段，默认的假设是污染物在河段内被完全稀释。

式(4-2)的非线性模型结构包含了几个重要特征。增加的污染源组分及地面、水传输项在理论上与物理机制相一致,该物理机制解释了水域中污染物的供应及运动。对某一河段总的模型负荷被分解成几个单一来源。因为相同的分解同样应用于所有上游河段,在此框架上进行负荷计算是可行的,因此总负荷应归功于河段的来源组分。根据操作过程,所有过程从空间上参照河网。例如,这意味着河段 i 上的一个蓄水单元会影响所有进入河网上游的污染物传输过程。增加的来源组分同样在质量守恒模型中提供了一个数学结构。可以看出每一个来源变量 $S_{n,i}$ 增加一倍,则所有上游来源增加一倍,正如 F_i' 增加一倍会导致模型负荷 F_i^* 精确地增加一倍。最终任一河段 i 处的模型通量均基于进入任一河段 i 上游河网的监测负荷。该方法应用于内嵌式流域会在任一上游流域内产生分离的误差,这些误差来源于流域下游河段,这使得将内嵌式流域作为独立的观察点具有一定的缓解能力。其实,该方法与基于时间序列的模型实现预测的方式相似。

4.2.2　模型的组成结构

SPARROW 模型的核心是上述非线性回归方程,模型参数通过非线性回归技术在空间上将水质监测与流域污染源数据及影响迁移的土壤和地表水体特性关联起来实现。相对于其他水质模型,SPARROW 模型最大的特点是将机制模型与统计模型结合起来用以估算污染源和地表水污染物运移。模型的机制部分包括地表水流路径(河道宽度、水库面积)、迁移过程(一阶入河/库衰减速率)、模型的输入(来源)、衰减(陆地和水中污染物的衰减/存储)、输出(河流营养物质输出)等(见图4-7)。

模型结构是 SPARROW 模型的一大特色,它是由基于数字高程模型(DEM)描绘的流域内详尽的河流网络组成,其中监测站点和关于流域特征的GIS 数据都是基于空间的。而基于空间分布的模型结构允许分别对陆域和水域参数进行估计,这些参数定量地描述了污染物从源到河流的迁移速率以及在河网上下游之间的输送。模型对陆域和水域特征分别评估及重视参数估计技术代表了水质模型应用上的一项重要进步,它能更客观地评价有关主要污染源和流域属性的假设,而污染源及流域属性会影响甚至控制着大空间尺度上污染物的迁移。对比那些用传统线性回归方法评价得到的结果(Alexander et al,2000;Smith et al,1997),SPARROW 模型的空间相关性与结构已被证实可以改进模型参数及污染负荷预测的精度和合理性。

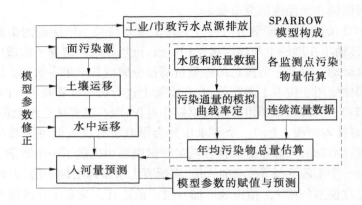

图 4-7　SPARROW 模型主要组成部分示意图

　　模型代码需要在 SAS(统计分析系统)宏语言中编写,其中的统计程序需要在 SAS IML(交互式矩阵语言)中编写,模型软件也需要与 SAS 软件一起运行。这种嵌入式的模型系统可以方便地实现对 SPARROW 模型的编写和修改(Alexander et al,2001)。整个代码的结构如图 4-8 所示。

4.2.3　模型输入及输出

　　SPARROW 模型输入/输出结构如图 4-9 所示。

　　输入包括三个部分:①包含研究区河段信息的数据文件;②可在空间上进行输入的 GIS 地图;③包含模型详细说明的控制文件。输入的三种自变量分别是源变量、陆－水迁移变量和河道/水库中的损失变量。源变量包含点源、市区用地面积、施肥率、畜牧生产以及大气沉降等;陆－水迁移变量包含气温、降水、地表坡度、土壤透水性、河网密度和湿地面积等;河道/水库中损失变量则包括河流的流速等。输入数据为年均值,一般要求监测数据为按月监测数据。

　　输出为两个独立的部分:估算输出和预测输出。估算输出包括通过非线性优化算法得出的判断结果、模型系数和关联统计、以图表形式显示预测流量和观测流量的关系、污染物量和各种污染源的贡献度、模型残差、关于数据结果和测试模型输出的 SAS 数据文件,以及模型估算结果的概括性文本文件。预测输出包括河段预测结果列表、关于河段预测和概述的 SAS 数据文件,以及模型测试输出。

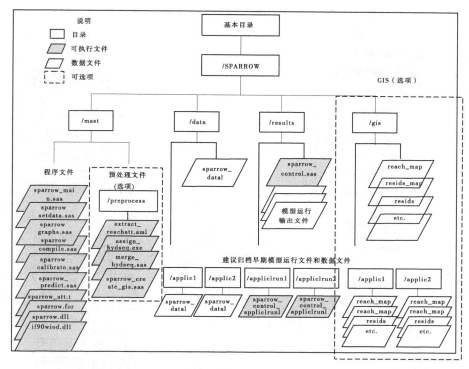

图 4-8　SPARROW 模型的目录结构(Schwarz et al,2006)

4.2.4　SPARROW 模型在流域污染负荷计算中的应用

SPARROW 模型最早的版本是由 Smith 等在描述美国新泽西州地表水污染物迁移时开发的,随后在美国的多个流域进行开发应用。模型最初应用于地表水体营养盐、杀虫剂、悬移质泥沙和有机碳的污染源分析与迁移量计算,并适用于水质、河流生物和流量等其他方面的测量。后期模型逐步做了一些修改以增强其功能,近年来 SPARROW 模型应用主要集中在估算营养盐污染源和地表水中营养盐的长期去除速率,同时模型也被应用于营养盐长距离传输的定量化方面。

SPARROW 模型能在河流水质监测数据和流域空间属性之间建立良好的空间回归关系,具有较强的空间特性和污染负荷预测及定量化功能。其优点在于:①相对于机制模型来说,所需的观测数据较少,对监测频率要求较低;②将流域陆地上营养物质产生和迁移与河流衰减过程联系起来;③避免了对复杂水文过程的描述,减少了不必要的误差;④用统计的办法描述地形和人类

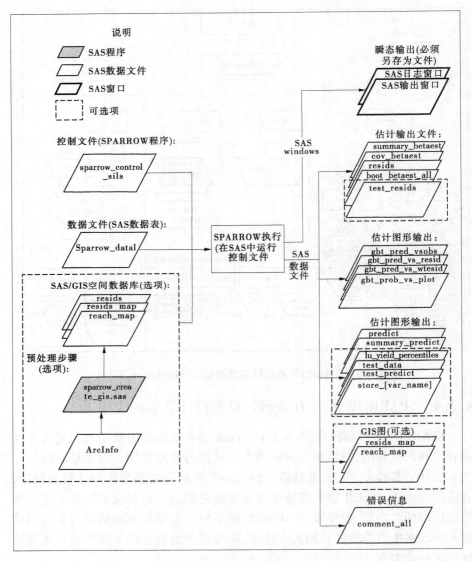

图 4-9　SPARROW 模型输入／输出结构（Schwarz et al, 2006）

活动对营养物质污染负荷的影响。随着 SPARROW 模型的发展,它已在美国、新西兰等国的多个地方应用,显示出了较好的适用性。在问题识别、监测策略改进、污染分析和河流管理等方面都有很好的研究和应用。

4.2.4.1　模型适用性

美国地质调查局与新英格兰州际水污染管制委员会合作开发了新英格兰 SPARROW 模型,Moore et al(2005)应用该模型估算新英格兰水域中的营养物质负荷。结果显示,对于总氮和总磷,相关系数 R^2 分别为 0.95 和 0.94,均方差分别为 0.16 和 0.23。McMahon et al(2002)将 SPARROW 应用到 Neuse 河流域对 TN 进行估算,该模型解释了河流总氮流量约 94% 的变异性,均方差为 0.19。Alexander et al(2002)利用 SPARROW 模型测量新西兰的 Waikato 流域,结果显示出相对较小的误差——河流产生营养物质量 kg/(hm² · a))的预测与观测点的观测值的误差范围均在 30% 之内。这有力地证明了模型估算营养盐来源和地表水的营养物质衰减速率的准确性。研究结果表明,SPARROW 建模技术提供了将试验数据与流域地表水营养物质迁移进行关联的可靠方法。

4.2.4.2　识别受损水体的河段与流域位置

SPARROW 模型可以根据水质标准预测流域中的受损河段。McMahon et al(2003)将 SPARROW 应用到北卡罗莱纳州东部的三个流域(Tar – Pamlico、Neuse、Cape Fear)的 492 个河段,用以核定模型参数,并以有关总氮来源的河段信息、土壤水文组、河流水库特性为基础,提出 200 个分组的总氮年均浓度。然后显示预计总氮浓度值超出 1.5 mg/L(美国 EPA 规定,河流水库中总氮浓度超过 1.5 mg/L 即认定为富营养化)的河段所占百分比。结果显示,Tar – Pamlico 流域超出标准的可能性小于 10%,这些河段位于集约农业区的上游。而超标的可能性大于 90% 的河段多集中在三个流域中与发展有关的山区地带和污水处理厂附近。另外,具有较高超标可能性(>75%)的区域则集中在有较高农业生产水平的沿海平原。

4.2.4.3　促进改进监测策略

虽然模型中通常使用的是一个假定的受损标准,但它说明了各种受损河段的空间分布,依此确定存在水质问题的河段位置。在确定出具有高受损可能性的河段后,可考虑进行下一步的 TMDL 工作。而下一步的 TMDL 行动将视额外的监测结果而定。额外的水质数据收集原则主要是:①不需要在具有极端可能性的河段进行额外的监测,如可能性小于 25% 和大于 75% 的河段;②有限的监测资源应当集中在水质条件不稳定的区域。依此可以确定采样方案,优化监测网络(McMahon et al,2003)。McMahon et al(2002)正是基于此而利用 SPARROW 模型来识别未来监测中高度优先的站点。

4.2.4.4　污染源分析

SPARROW 模型可以在 TMDL 分析中对污染源进行量化(Johnson et al, 2007)。McMahon et al(2003)在 Neuse 流域的研究中,将点源和非点源以及去除比例进行关联,用以估算总氮负荷份额。SPARROW 模型也可以在 TMDL 分析中对污染源进行量化。如 Alexander et al(2008)分析了密西西比河流域迁移到墨西哥湾的氮磷差异。他们的模拟结果表明,在流域中的农业面源对氮磷的贡献达到 70% 以上,氮源中玉米和大豆种植是最大的贡献者(52%),其次是大气沉降源(16%),而磷则主要来源于牧场的动物粪便(37%)。

4.2.4.5　对河流管理提出建议

SPARROW 模型结果提供了与营养物质管理相关的有用信息,这些预测可作为水资源管理者确定管理重点的指南。如在新英格兰 SPARROW 模型模拟的结果中,劳伦平原和东北高地总氮浓度大体上低于其他生态区,大西洋沿岸松树泥炭地总氮浓度最高。管理者可针对不同流域和河段的情况提出不同的治理措施。Johnson et al(2007)使用 SPARROW 模型参数对大西洋中部 Piedmont 高原进行估算,这一研究展示了如何使用该模型指导小流域修复规划。模型预测了一个假设修复工程实施后河流生物学特性(如河流物种多样性和物种组成)的数量变化。

4.3　滦河流域养分污染负荷研究

根据第 3 章中应用水质标识指数法得出的主要污染指标,本章选取指数值最高的总氮作为控制指标,对流域内点源、大气沉降、化肥施用、畜禽养殖、土地利用等污染源分别进行统计与计算。针对半干旱半湿润地区特点,应用 SPARROW 模型技术,构建滦河流域养分污染模拟模型,模拟计算各控制单元不同水文保证率和不同时期的污染负荷。

4.3.1　数据收集

模型数据库构建所涉及的空间数据包括流域 DEM、水系、土地利用、土壤分布等,在 SPARROW 模型构建中,应该使空间数据具有相同的地理坐标和投影,本书使用 UTM - 1984 - 50N 投影。模型涉及的属性数据则包括用于驱动模型的气象数据、点源排放数据、水文水质数据和畜禽养殖数据,以及用于模型回归的水质数据。本研究所需数据来源如表 4-1 所示。

表 4-1　数据来源说明

数据	数据分辨率	格式	来源
DEM	1:25 万	ESRI grid	中国科学院资源环境科学数据中心
水系图	1:25 万	Info coverage	中国科学院资源环境科学数据中心
土地利用图	1:5 万	Spot imagery	地球系统科学集成分析数据共享运行中心
土壤图	1:100 万	Info coverage	中国科学院资源环境科学数据中心
气象数据	年均数据	—	国家气象局
点源	年均数据	—	承德市水文水资源勘测局污染源调查
水文数据	年均数据	—	承德市水文水资源勘测局
水质数据	逐月数据	—	承德市水文水资源勘测局
牲畜与人口	年均数据		各相关县统计年鉴

4.3.2　SPARROW 流域污染负荷模型构建

前文已经介绍过 SPARROW 应用程序所需的输入文件。需要定义三项输入内容:①数据文件,包含与研究区域有关的河段信息;②地理信息系统地图文件,用于模型结果的空间显示;③控制文件,包含待预测及/或待模拟模型的详细定义。

4.3.2.1　数据文件

执行 SPARROW 模型所需的全部输入数据均包含在一个 SAS 数据文件中,SAS 文件包含每个河段及相关流域的描述属性。表 4-2 显示了应用于本次 SPARROW 模型估计与预测所需的主要变量集。表 4-2 第一列的变量名是宏变量名,用于在各种 SPARROW 模型代码模块中传输数据,以及向子程序库传输数据。SPARROW 控制文件通过一系列语句将输入变量名分配给宏变量。

1. 河段地形

模型框架是经节点拓扑验证的数字向量或栅格河流网络,其作用是支持河流或水库的水流路径或污染路径,并且在空间上引用 SPARROW 模型的河段及流域属性。河段网络必须有标准拓扑节点,并且包含河段之间的相应水文学联系。必须根据 fnode 和 tnode 的数值分别对上游节点和下游节点赋予唯一标识(见表 4-2)。在 waterid 变量中为每个河段赋予唯一的标识号。为了利用 SAS/GIS 显示 SPARROW 结果,又定义了第二个标识号——arcid,以对应 ARC"cover - id"。另外,还根据唯一的数字序列号(赋予各河段的、在变量

hydseq 中标识的序列号)在水流方向上对河段进行水文定向(从源头河段到终点河段的排序)。本书则是利用执行"assign_hydseq. exe"程序为 hydseq 赋值。将分水比例(0 ~ 1 之间的分数)置于 frac 字段(见表4-2)。变量 iftran 表示河段的输送属性,经河段向下游输送负荷的河段赋值为 1,而无输送的河段则赋值为 0。

表4-2　SPARROW 模型所需的输入变量

控制变量	说明
arid	向量覆盖范围的河段标识符
depvar	河道内各污染组分负荷年均估计值,作为 SPARROW 模型的响应变量,t/a
fnode	河段始节点,标志河段的上游始点
frac	分水比例,代表源自上游河段的水量或合流比例(用于标识分支河道和水流分流;无分水时取值 1.0)
hydseq	水利学序列码,表示从水源河段到终点河段的河段下游排序。模型用该序列码排列数据记录,以便在校准阶段和模型预测阶段累积各污染组分总量。该步骤利用模型中的执行程序"assign_hydseq. exe"为 hydseq 变量赋值,确定各河段的上游总排水区域
Iftran	输送河段标志,用于说明河段是否输送污染组分(0 = 非输送河段;1 = 输送河段)
demiarea	河流集水区扩展的汇水区域,km^2
lat	监测站的纬度,(°)
lon	监测站的经度,(°)
mean_flow	河段的相关年平均流速,ft^3/s
srcvar	污染源变量,说明各河段扩展流域的源输入或用地方式
staid	河段相关监测站的唯一标识号(无监测站的河段设为"missing")
tnode	河段终节点,确定河段的下游终点
demtarea	河段出口上游流域汇水区总面积,km^2。该步骤利用模型中的执行程序"assign_hydseq. exe"确定总流域面积,具体方法为合计 hydseq 变量为非零正值的河段流域面积
waterid	河段的唯一标识号
rchtot	河段平均汇流时间,即河道长度与平均流速比

2. 河段属性

河段属性包括平均流量(mean_flow)、汇水区面积(inc_area)及汇水区总面积(tot_area)。应用可执行程序"assign_hydseq.exe"确定各河段的汇水区面积及河段出口上游流域汇水区总面积,其步骤为:将 SPARROW 软件包中 master\preprocess 中的 FORTRAN 程序"assign_hydseq.exe"拷贝到与文件 reach.dat 同文件夹下,运行程序出现的两个选择中分别选择 1(指定河网源头)、2(不标注测站上游河段),得到的结果是三个文件"hydseq.dat"、"nohydseq.dat"和"tarea.dat",分别显示河段水文编码及河段上游汇水区总面积的值。由控制变量 srcvar 引用模型所包含源变量,本书中设置 5 个污染源变量:point、atmdep、fertilizer、waste 和 nonagr,分别对应点源、大气沉降、施肥、畜禽粪便及非农业用地。

3. 污染物负荷

监测站的年均负荷估计值储存在变量 depvar 中。负荷估计值作为因变量用于 SPARROW 模型的校准,在监测站的长期河流记录中使用负荷估计方法确定负荷估计值。输入文件还包含监测站的唯一标识号 staid 以及监测站位置地理坐标(lat、lon)。

标准的水质测站数据需要用到站点处或附近的河段流量的周期性测量值,用以计算多年平均 TN 负荷。本书中用到的处理办法为用浓度乘以流量得到测量负荷,并将年内多次测量得到的 TN 负荷相加求年均负荷。其中,有的站点年内测量值只有一个,直接作为年均污染负荷以让测站数据数量足够。

4. 相关应用数据

1) 流量数据

SPARROW 模型输入数据中的河段流量通过 1955~2009 年多年数据计算得到各子单元 25%、50%、75% 保证率下以及汛期、非汛期的平均流量。同时选择 30Q10(近 10 年最枯月平均流量)作为设计流量条件。流量数据可以通过资料调查、实测、水文比拟解决。对于有资料地区,可通过收集近 10 年来的径流资料进行水文设计条件计算,将多年最枯月的平均流量由大到小排序,按经验频率曲线法计算:

$$P = \frac{m}{n+1} \tag{4-3}$$

式中:P 为频率;n 为序列长;m 为将实测值按大小顺序排位后的顺序。

对于无资料地区,当设计断面上、下游有水文站时,可用上、下游两站的观测资料,经频率计算确定设计保证率的月平均最枯流量 $Q_P^{\pm}$、$Q_P^{\top}$,用内插法

求取缺乏资料站的设计流量,计算公式如下:

$$Q_P = Q_P^{上} + (Q_P^{下} - Q_P^{上})\frac{A - A^{上}}{A^{下} - A} \tag{4-4}$$

式中:Q_P 为缺乏资料站的设计流量,m^3/s;$Q_P^{上}$、$Q_P^{下}$ 分别为上、下游水文站的设计流量,m^3/s;A 为缺乏资料控制断面以上的流域面积,km^2;$A^{上}$、$A^{下}$ 分别为上、下游水文站所控制的流域面积,km^2。

具体结果如图 4-10 ~ 图 4-15 所示。

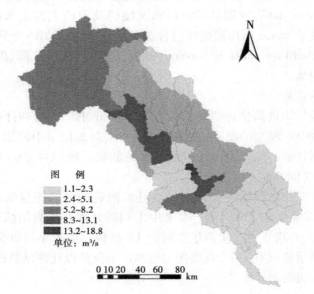

图 4-10　滦河流域各子单元 25% 保证率下平均流量

从图 4-10 ~ 图 4-15 可以看出,无论哪种情形下都存在这样一种规律,那就是上游的流量普遍大于下游、干流流量大于支流。

对于河段污染物衰减主要考虑如下三个变量的影响:河段水流迁移时间,河段年均流量,河段是否是水库的一部分。通过上文得到每个汇水单元的多年年均流量后,用回归方程可以计算出每个河段对应的水体迁移时间以作为输入数据库中的输入变量值:

$$V = KQ^a$$

式中:a 值参考大量文献确定为 0.34;K 值通过水文站点的流速实测值回归得到,为 0.59。然后用河段长度除以流速得到河段迁移时间。根据流量的大小将不同河段分级,以不同级别的河段对应不同回归系数来计算河段迁移时的

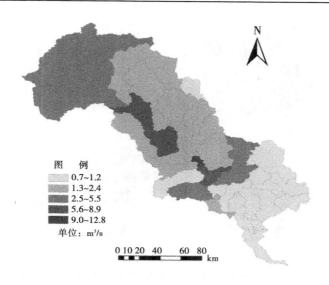

图 4-11 滦河流域各子单元 50% 保证率下平均流量

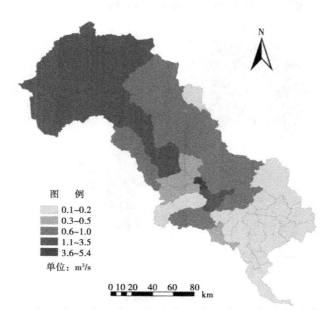

图 4-12 滦河流域各子单元 75% 保证率下平均流量

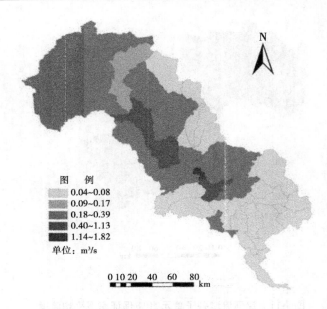

图 4-13 滦河流域各子单元 30Q10 情境下平均流量

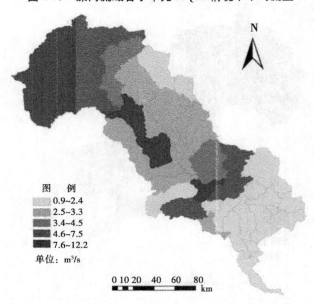

图 4-14 滦河流域各子单元汛期平均流量

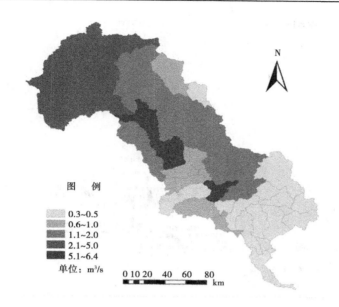

图 4-15　滦河流域各子单元非汛期平均流量

污染物衰减。本书分为 $<50\ ft^3/s$、$50\sim1\ 000\ ft^3/s$、$>1\ 000\ ft^3/s$ 三个级别。

2）污染源数据

（1）点源输入。

点源数据来源是承德入河排污口监测的 TN 浓度和排污口处流量，总数为 26 个，分布图如图 4-16 所示。

点源数据通过浓度乘以对应测量的流量算出负荷值，由于数据难获得性与排污负荷的相对稳定性，可以用以上的值通过单位换算转换为年均排污量。再通过找到每个点源所在汇水单元把年均排污量写入输入数据库中相应的汇水单元。

（2）大气沉降。

根据文献中的数据，山东和河北两省的大气氮沉降为 $23.6\ kg/(hm^2\cdot a)$，每个汇水单元的大气氮沉降为：汇水区氮沉降（kg/a）＝汇水区面积（km^2）× $23.6\times10^2\ kg/(hm^2\cdot a)$，然后将每个汇水区的氮沉降量写入输入数据库。

（3）化肥施用。

收集研究区域内相关县的统计年鉴，查找化肥施用量中氮肥的施用量。将氮肥量输入县界图，假设每个县内的化肥施用都是在土地利用类型为农业用地的地方平均施用，用县界图和土地利用图求出每个县内的农业用地的单

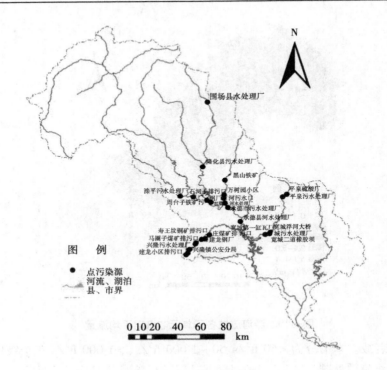

图 4-16　滦河流域点污染源分布图

位面积氮肥施用量。利用汇水单元图与上一步结果算出每个汇水单元内的氮肥施用量。将每个汇水单元的氮肥施用量写入输入数据库。

（4）人畜排泄。

收集各县境内每年牛、猪、禽类的养殖头数以及农村人口数,之所以只对农村人口进行计算是因为城市人口排泄进入市政管网,经处理后转化作为点源进行排放,通过污染物排泄系数统计表(见表4-3)计算年均产生的 TN 量。

表 4-3　污染物排泄系数　　（单位:g/(头(人)·d)）

项目	牛	猪	禽类	人
TN	18.8	3.4	0.2	13.6

统计每个县内的土地利用的面积,将每年人畜排泄产生的 TN 平均分配到此面积上,再向汇水单元统计出每个汇水单元的人畜排泄 TN 产量。

（5）非农业用地面积。

在获得 2007 年流域 SPOT5 影像的基础上,根据土地利用类型原有分类系统对其进行解译。根据土地利用类型分类系统,将土地利用类型分成9类,分别为:建设用地、旱地、林地、水体、水田、滩地、灌木林、草地及裸地,滦河流域土地利用类型图见图4-17。从图中可以看出,滦河上游区域为内蒙古自治区辖区,多为农牧民族居住,土地利用以草地为主。到下游地区则接近平原地区,人口较密集,因种植需要旱地和水田较多。本书中主要用到的非农业用地,是将建设用地、水体、水田、滩地、灌木林、草地和裸地面积进行相加得到。

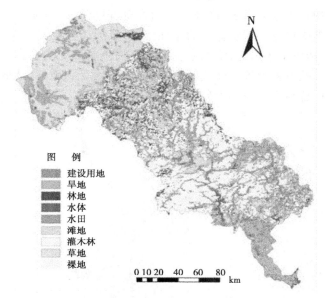

图4-17 滦河流域土地利用类型图

3)迁移变量

本书将土壤平均渗透率、河网密度、气温三个量作为迁移变量,下面简要介绍数据的处理过程。

(1)土壤渗透率。

通过《中国土种志》第四册查找滦河流域内各土壤类型的沙粒百分数,利用沙粒百分数与土壤渗透率关系:渗透率 = $[(沙粒百分数 \times 0.003 + 0.002) \times 20]^{1.8}$,可以计算出每种土壤类型渗透率大小。

通过滦河流域土壤类型分布图统计每个汇水单元内各土壤类型的面积,计算出渗透率大小,算术平均值即为所求汇水单元的渗透率值。滦河流域的土壤类型比较丰富,分为38类,分别为暗栗钙土、草甸栗钙土、草甸土、草甸沼泽土、草原风沙土、灰色森林土、栗钙土、栗钙土性土、石灰性草甸土、盐化草甸土、沼泽土、潮褐土、潮土、褐土、褐土性土、灰褐土、淋溶褐土、潜育草甸土、石灰性褐土、中性粗骨土、中性石质土、棕壤、棕壤性土、酸性粗骨土、湖泊水库土、水稻土、新积土、冲积土、山地草甸土、钙质石质土、钙质粗骨土、黑钙土、淡黑钙土、盐化栗钙土、石质土、粗骨土、草甸风沙土、钙质粗骨土等（见图 4-18）。土壤类型与土地利用类型有密切联系，研究区上游主要为栗钙土类，栗钙土是在半干旱或干旱地带，草原植被下形成的土壤，比较适宜做牧场。往下游走则初育土逐渐增多，这种土是指发育程度微弱，母质特征明显，发生层分异不显著或只有轻度发育的幼年性土壤，其成因主要是人类不合理地开发利用土地，造成土壤退化，使原来发育较好的土壤演变为初育土，如超畜过牧、毁林开荒、顺坡种植等掠夺式经营，都会使土壤受到破坏，造成水土流失，形成初育土。这与实际情况十分吻合。

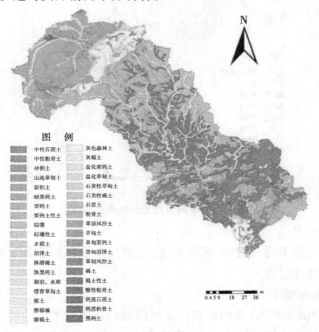

图 4-18　滦河流域土壤类型图

（2）河网密度。

各汇水单元的河网密度为河段长度除以汇水单元面积，河段长度与汇水单元面积来源于 EDM 划分汇水单元过程。

（3）气温。

气温数据通过申请中国气象科学数据共享网多年（2000～2010年）平均气温数据得到，气象站点气温通过克里金插值得气温等值线图，代入流域各汇水单元作为多年平均气温值（见图4-19）。

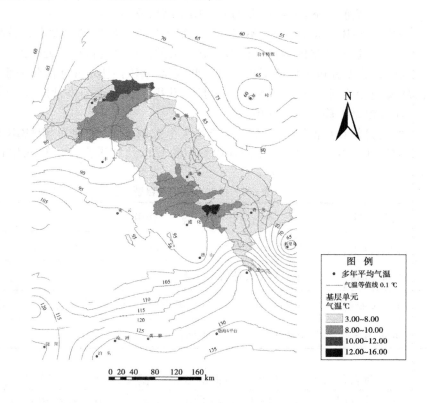

图 4-19　滦河流域多年平均气温

4.3.2.2　地理信息系统（GIS）底图

在 SAS/GIS 系统中可以创建一个可选图层集，在模型输出中予以显示。本书中采用的方法是直接将导出的 SAS 模型输出文件导入 ArcView 进行显示。

4.3.2.3　控制文件

SPARROW 建模分析的核心是设定 SPARROW 控制文件。控制文件包含模型运行命令的 SAS 程序，有一系列语句用于确定待用数据、待分析变量、模型形式和选择模型执行选项。运行模型前编辑控制文件。

　　控制文件语句用于向模型控制变量(SAS 宏变量)赋值或赋予变量名。控制变量设定通式为:

$$\% \, let \, control\_variable \, = \, response;$$

其中,%let 是 SAS 宏命令,指示 SAS 创建一个名为 control_variable 的宏变量,为 response 赋值。response 后面的分号用于结束赋值语句。

　　编写 SPARROW 程序时,不仅需要在很大程度上确保模型设定灵活性,还要尽量减少控制变量的数量。模型控制变量的作用是进行估计处理的技术要素,因此在典型分析中保持不变。另一些变量则用于把分析过程分为系列步骤,从模型设定调试开始,到利用初步预测获得符合要求的模型形式,一直到生成体现模型不确定因素的预测。

　　模型目录和数据输入首先需要指定 4 个控制变量,分别为 SPARROW 模型的数据、GIS 覆盖范围、程序源代码获取位置以及结果文件的写入位置,见表 4-4。

表 4-4　控制变量指定目录

控制变量	作用
home_results	所有输出数据文件的写入目录
home_data	输入数据文件储存目录
home_program	SPARROW 核心程序代码的储存目录
home_gis	SAS/GIS 数据文件的储存目录

　　然后命名包含河段特定输入数据的 SAS 数据集,并在执行时修改文件。

　　模型设定包括:①定义模型系数;②定义系数的初始值和约束条件;③设定模型的变量,赋予变量角色(因变量、源变量、陆水输送变量、河道内衰减变量及水库衰减变量);④定义联系变量与系数;⑤确定过程的函数形式。

　　模型设定的第一步是设定待估计参数的系数。本书则是利用 betailst 来设定模型的系数的初始化过程。首先定义一个包含所有待评估过程的 SPARROW 模型。对于设定的每一个系数,将初始值和上下限设为 0。接着确定与相邻流域的源变量相对应的系数,定义其中一个为 0,进行模型估计,得到系数的最小二乘法估计值。删除另一个源变量的界限值,将控制变量 if_init_beta_w_ previous_est 值设为"yes",再次进行估计,使第一个变量的初始值成为第一次回归的估计值,然后拟合第二个系数。重复上述操作,确定模型所有源变量的估计系数。按照同样的顺序加入陆地至水域输送系数,最后加入河道内衰减系数(因本研究区内水库较少,样本数量不够,故不考虑水库衰减,将其视为河道)。对于取值无统计学意义的系数,重新设定为0,从而进一步完善模型。

对于陆地至水域输送过程变量的设定中,假设总氮的污染源主要有点源、大气沉降、化肥施用、畜禽排泄及非农业用地5个方面。由于点源直接进入河道,不存在陆地过程,所以dlvdsgn相对应的值设定为0。而假定其他4个非点源都有类似的陆地至水域输送过程,非点源各行赋值为1。陆地至水域输送设计矩阵如表4-5所示。

表4-5 陆地至水域输送变量

来源	平均土壤渗透率	河网密度	平均温度
点源	0	0	0
大气沉降	1	1	1
化肥施用	1	1	1
畜禽排泄	1	1	1
非农业用地	1	1	1

4.3.3 模型参数结果估计

以25%保证率下的总氮输出结果为例,对参数估计结果进行分析(见表4-6)。结果表明,总氮中4个污染源对仿真流域总氮均有显著影响。点源系数明显小于1,说明部分点源排放在水域传输过程中存在衰减,该部分污染源对河道中的总氮污染负荷产生影响;作为非点源的4个变量中有3个变量(化肥施用、畜禽排泄和非农业用地)系数明显高于1,这主要是由于这3种源产生的部分氮在雨水冲刷以及地表径流作用下进入地表水,最终进入河流,从而导致实际进入河流的污染物负荷通量偏高,其中又属非农业用地的系数值最大,相关性也最高。在3个陆域传输系数中,土壤渗透性与总氮负荷呈负相关,表明土壤渗透性越强,总氮负荷进入地下水体的量就越大,地表水的总氮负荷就越少。河网密度与总氮负荷呈负相关,说明河网密度大的流域水力传输时间比河网密度小的流域短,总氮衰减率小于1。其中温度显著性相对较低,可能是由于该流域的年平均温度普遍较低,氮的反硝化影响效果不明显,因而温度对总氮负荷的变化影响不显著。河段衰减系数均表现出很高的显著性,且流量越大的河段总氮衰减率越低,这是由于河段中总氮衰减多发生在与河床接触面积大的底层水体中,而流量大的河段底层水体所占的比例相对较少,所以衰减率较低。经过模型调试,仿真流域总氮模拟 R^2 为 0.74。模型满足模拟精度要求,说明所建立的模拟模型是可靠的,在滦河流域具有较好的适用性,可以用来进行污染负荷的模拟计算。

表 4-6　滦河流域总氮 SPARROW 模拟的参数估计结果

模型参数		滦河流域总氮 SPARROW 模拟的参数估计结果	p 值
总氮污染源	点源	0.5	0.12
	大气沉降	0.3	0.39
	化肥施用	4.73	0.05
	畜禽排泄	1.37	0.11
	非农业用地	10.9	0.04
陆 – 水迁移变量	土壤渗透性	−2.8	0.09
	河网密度	1.9	<0.005
	温度	0.48	0.3
河流衰减系数	δ_1	0.45	0.05
	δ_2	0.12	0.02
	δ_3	0.05	0.03
	R^2	0.74	

4.3.4　滦河流域总氮污染负荷计算

应用调试好的 SPARROW 模型分别模拟滦河流域 25%、50% 和 75% 供水保证率以及 30Q10、汛期和非汛期的总氮输出情况。其空间分布特征如图 4-20 ~ 图 4-25 所示。

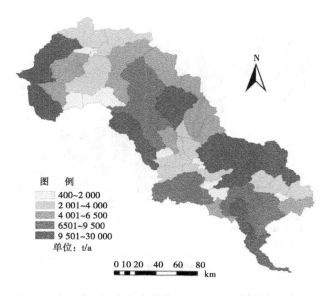

图 4-20　滦河流域 25% 保证率下各控制单元的总氮输出量

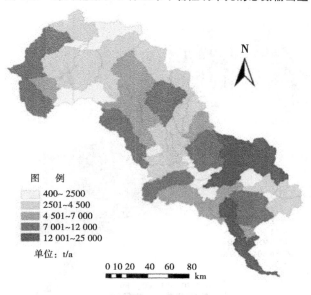

图 4-21　滦河流域 50% 保证率下各控制单元的总氮输出量

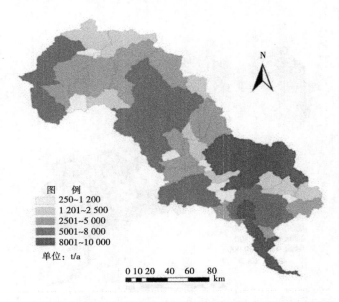

图 4-22　滦河流域 75% 保证率下各控制单元的总氮输出量

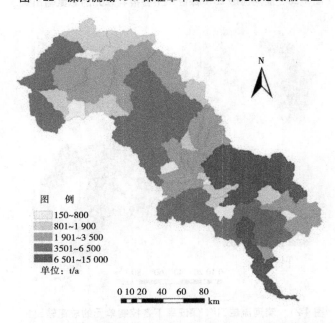

图 4-23　滦河流域 30Q10 情境下各控制单元的总氮输出量

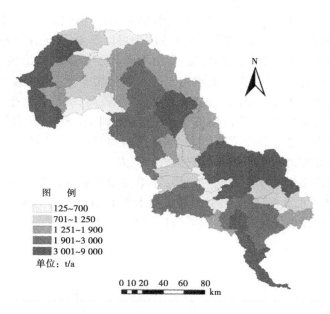

图 4-24　滦河流域汛期各控制单元的总氮输出量

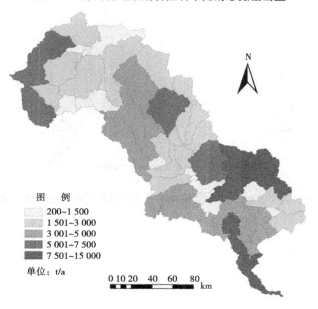

图 4-25　滦河流域非汛期各控制单元的总氮输出量

　　图 4-20 ~ 图 4-25 为 SPARROW 模型模拟出的滦河流域不同保证率及汛期、非汛期输出量的空间分布图,从这些图中可以看出,无论保证率或时期,总氮的输出都呈现出相对一致的情况,即下游平原的污染物输出量较上游山区稍大一些,这是因为草原作为上游主要的土地利用类型对污染物产生了截流的作用。邻近城市或县城的一些单元污染负荷较高,主要是由于这些地区城市建设和经济发展较快,造成局部地区的植被破坏、土地裸露,水保能力下降,因此水土流失现象比较严重,并且人口比较密集,旱地和坡耕地面积大,致使附近区域的非点源污染负荷和点源排放均较大。

　　下游的产生量大于上游这一趋势,在单位面积总氮产生量的显示中更易看出。以 75% 水文保证率为例(见图 4-26),可以看出下游的单位输出量明显高于上游。这主要由于土地利用类型起到了关键性的作用。

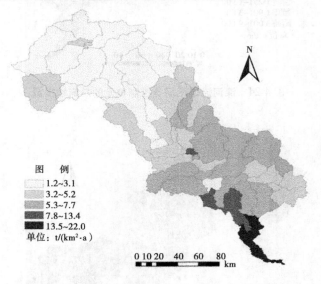

图 4-26　滦河流域 75% 水文保证率下各控制单元单位面积总氮输出量

第5章 滦河流域COD污染负荷研究

选取"十二五"期间国家总量控制指标——COD 作为特定污染物,对其污染负荷进行研究。COD 的产生与社会经济发展存在密切联系,在这种情况下前文应用到的 SPARROW 模型就显得不太适用,相关研究表明,应用系统动力学模型对于模拟不同发展背景下的 COD 排放量有较好的成果。

5.1 系统动力学方法简介

系统动力学方法(System Dynamic,SD)是一种定性与定量相结合,系统、分析、综合与推理集成的方法,它基于反馈控制理论,以计算机仿真技术为手段,并配有 DYNAMO 等专门语言及相关软件,便于模型仿真、政策模拟,并且可以较好地把握系统各变量之间的反馈关系,是一种被普遍应用于研究具有高阶次、非线性、多重反馈、机制复杂和时变特征的复杂耦合大系统运动规律的理想方法(阿琼,2008)。

近年来,此方法已被广泛应用于生态环境系统。1995 年,魏斌、张霞运用系统动力仿真模型,选取 6 种方案对本溪市水资源承载力进行了比较研究,提出可比较的区域不同策略的水资源承载力,从而为制定水资源的经济发展决策提供理论依据。韩俊丽(2004)构建了由城市水资源、工业、农业和人口为四个子系统组成的水资源承载力模型,利用 DYNAMO 语言编写程序,选择趋势型、节水型、开源型、经济型和协调型五种方案模拟包头市水资源承载力。惠侠河(2001)运用系统动力学动态仿真模型对陕西关中地区进行了研究,讨论了不同方案下关中水资源承载力。陈明忠(2005)构建了由供水、一产、二产和三产四个子系统组成的水资源承载力模型,应用 Vensim 软件和模型模拟了江苏省低、正常、高供水增长率情景下水资源的供需平衡状态,描述了一定区域或流域水资源承载能力所处的一种状态以及相对于一定社会经济发展水平的水资源紧张程度。还有冯静冬(2010)、陈兴鹏等(2002)、陈冰等(2000)等学者也都采用系统动力学的方法对特定地区的水资源承载力做出了分析。

系统动力学这种方法关注系统的内部结构和信息反馈结构,可以很好地考虑各承载因子之间的各种反馈关系,对参数的取值精度要求低,而且注重一般的动态趋势,不关心系统变量在特别年份的精确数值,较适宜于做政策模拟。利用系统动力学分析研究水资源系统具有以下四方面的优点(张振伟等,2008):①动力学方法采用一组差分方程对系统内部的因果反馈关系进行描述,进而描述系统的动态行为,该描述方法具有"积木式"的灵活性特点,比应用微分方程法更简便和直观,能更好地反映系统的动态行为,因此被广泛应用。②系统动力学是定性分析与定量分析相结合的计算机仿真技术,既有对系统内部各个要素之间因果关系进行定性分析的结构模型,以此来认识和把握系统结构,又有专门描述各个因素间"数量关系"形式的数学模型,据此进行仿真试验的计算,可以掌握系统动态变化的趋势。③运用系统动力学方法分析水资源承载力与以往其他研究方法(如采用较多的多目标决策法)相比,系统动力学能比较容易对多情景方案下水资源承载力进行仿真模拟,同时更能真实地模拟水资源、社会经济和水环境之间相互促进、相互制约的关系。④系统动力学在计算承载力时不只是简单地给出所能承载人口的上限,而是通过模拟各种决策,定性和定量地分析人口、资源、环境和发展的关系,从而帮助决策者了解和判断水资源系统的动态变化行为。

系统动力学模型模拟具有专门的计算机模拟语言和软件。DYNAMO 就是其中的一种计算机模拟语言系列,取名来自 Dynamic Models(动态模型)的混合缩写,它的含义在于建立真实系统的模型,借助计算机进行系统结构、功能与动态行为的模拟。用 DYNAMO 写成的反馈系统模型经计算机进行模拟可得到随时间联系变化的系统图形。随系统动力学在许多领域的广泛应用,其模拟方法不断地更新,在 20 世纪 80 年代涌现出一批具有图示辅助建模、辅助思考功能的系统动力学专用模拟软件:Ithink、STELLA、Powersim、Vensim 等,其中 Vensim 的功能最优。本书运用的就是 Vensim 模拟软件。

5.2　Vensim 模型概述

Vensim 仿真软件是美国 Ventana 公司推出的,基于 Windows 操作平台,主要用于商业、科学、环境和社会系统的建模模型。Vensim 是一种常用的仿真软件,具有描述系统简明、清晰的特点,主要利用它来描述模型的主要方程,建立各种变量之间的关系。主要应用步骤为:①定义变量;②定义变量之间的连接;③定义变量之间的关系;④模型结构和模型行为检验;⑤运行模拟。

Vensim 模型不仅具有图形化的建模方法以及模型的模拟功能,还具有复合模拟、数组变量、真实性检验、灵敏性测试、模型最优化等强大功能。用户可以通过 Vensim 定义一个动态系统,将之存档,同时建立模型、进行仿真及分析(付一夫,2010)。

在 Vensim 中,系统变量之间通过箭头连接而建立一种因果关系,变量间的因果关系由方程编辑器进一步精确描述,从而形成一个完整的仿真模型。用户在创建模型的整个过程中可以分析引起某个变量变化的原因以及该变量本身如何影响模型,还可以研究包含此变量的回路的行为特性。

5.3　构成水资源承载力各子系统的系统分析

水资源承载力的研究面对的是包括社会、经济、环境、生态、资源在内的错综复杂的大系统。在这个系统内,既有自然因素的影响,又有社会、经济、文化等因素的影响。

5.3.1　水资源子系统分析

水资源系统由水资源的自然系统和人工系统组成。自然系统主要由影响水资源数量、质量、时空分布的自然地理要素组成,包括河流水系、降水、蒸发等要素。

一个区域的水资源供需系统可以看成是由来水、用水、蓄水和输水等诸多子系统组成的大系统。供水水源有不同的来水、贮水系统,如地面水、地下水、本区产水和外来水或外调水,而且彼此互相联系、互相影响。用水系统由生活、工业、农业、环境等用水部门组成。水资源系统可视为由既相互区别又相互制约的各个子系统组成的有机联系整体,它既要考虑到城市的用水,又要考虑到工农业的和航运、发电、防洪除涝及改善水环境等方面的用水。水资源系统是一个多用途、多目标的系统,涉及社会、经济和生态环境等多项的效益。

5.3.2　社会子系统分析

与自然系统不同的是,社会是一个以人为主体的庞大系统。人口的数量、质量、构成、迁移及分布等都会对区域的水资源开发利用产生影响。

社会子系统用水主要指的是生活用水包括城镇生活用水和农村生活用水量部分。城市生活用水的分类方法有很多种,按用水性质不同可分为居民日常生活用水和公共设施用水两部分。居民日常生活用水是指维持日常生活的家庭和个人用水,包括饮用水、洗涤等室内用水和洗车、绿化等室外用水;城市公共设施用水包括浴池、商店、饭店、学校、医院、市政绿化、清洁消防等用水。

农村生活用水是指居民的餐饮用水、洗涤用水、散养畜禽等日常用水。

影响社会子系统生活用水的因素有很多,城市的性质、规模、人口数量、水源条件和城市污水处理设施的条件都对城市生活用水产生影响。

5.3.3　经济子系统分析

经济子系统是水资源－生态－社会－经济这个大系统的核心,它的行为影响着其他子系统的行为和整个大系统的状态。水的存在为经济发展提供了保障,同时又对水资源系统形成压力。水资源系统的结构和功能以及特征会影响经济产业结构布局和发展规模;反之,不同的产业结构将形成不同的用水结构。

根据产业分类方法,以经济活动与自然界的关系为标准,可将全部经济活动划分为第一产业、第二产业和第三产业三大类。

第一产业,即农业。农业用水主要指的是农业灌溉用水,包括种植业灌溉用水和林、牧业灌溉用水。农业灌溉用水是农业用水的主体,与城市工业、生活用水比较,具有面广量大、一次性消化的特点。所以,节水率的有效性直接影响着农作物的用水情况和整个水资源的数量。

第二产业主要分为工业和建筑业,以工业为主。工业用水一般是指工、矿企业在生产过程中,用水制造、加工、冷却、空调、净化、洗涤等方面的用水,其中也包括工、矿企业内部职工生活用水。

工业用水是城市用水的一个重要组成部分。在整个城市用水中,工业用水不仅所占比重较大,而且增长速度快、用水集中,现代工业生产尤其需要大量的水。工业生产大量用水,同样排放相当数量的工业废水,又是水体污染的主要污染源。工业用水与工业发展的速度、产值有关,与工业内部行业结构、技术水平、工艺过程、用水重复率、污水处理率、节约用水的程度有关,也与区域的供水条件、技术条件和管理水平等有关。

第三产业,即商业餐饮业和其他服务业。第三产业的用水主要根据产值进行计算,从业人员的用水情况一般算在城市生活用水里。

5.3.4　生态子系统分析

水是生态环境中最活跃的因子,生态环境对水的量变与质变十分敏感。生态环境是人类生存和发展的空间,充分认识水在生态环境中的地位与作用,对水资源配置具有重要意义。

流域生态环境问题直接或间接地与水资源有关。水资源的不合理开发、利用和管理导致了严重的生态环境问题。生态环境质量直接关系到流域水文状况与水生态环境的好坏,而流域水资源情势及其分配则对生态平衡起到重要的调节作用。要维持流域稳定的生态环境,在很大程度上受制于水资源的供给状况。

生态环境的用水一般难以计算,生态用水量除受绿化面积及河湖面积的影响外,主要还受到政府部门相关政策及规划的影响,一般按政府制定的规划中生态用水量进行计算。

5.4　水资源承载力系统动力学模型的构建

5.4.1　模型的总体框架图

通过对水资源承载力构成系统进行深入的分析,明确水资源、生态和社会经济各子系统之间相互关系,首先构建系统动力学模型的系统结构框图,框图有助于确定系统界限、分析各主要子系统之间的反馈关系以及系统可能存在的主要回路(阿琼,2008)。水资源承载力系统动力学模型系统结构见图 5-1。

5.4.2　模型的系统流图

前面已经对水资源承载力系统的构成进行了分析讨论,针对水资源承载力系统内部不同结构和功能,采用系统动力学专用语言对各子系统的因果关系加以描述。如前所述,系统包括五个子系统,即可用水资源子系统、农业用水子系统、工业用水子系统、生活用水子系统、生态环境用水子系统。模型流图在 Vensim 软件中完成,从模型流图中可以清晰地看出系统中变量类型及变量之间的相互关系。水资源承载力系统流图界面,见图 5-2。

5.4.3　模型变量的选取与参数的确定

5.4.3.1　模型变量的选取

系统动力学流图中有两个重要的变量:状态变量和速度变量。基于模型变量选取的总体思路,以及系统动力学各个子系统模块的特点,本书所选取的主要变量(状态变量、速度变量)如表 5-1 所示。

5.4.3.2　模型参数确定方法

模型在进行模拟之前,应对模型中的所有常数、表函数及状态变量方程的初始值赋值。本书研究中采用的主要确定方法有以下几种:

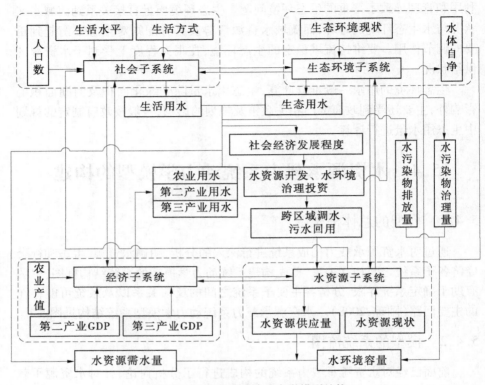

图 5-1　COD 排放系统动力学模型结构

（1）从政府发布的统计年鉴和水利部门发布的水资源公报中获取相关数据。

（2）表函数法。表函数作为系统动力学应用软件的重要工具函数，它具有方便操作、易于应用等很多优点。在明确基本变化规律情况下，可以更加准确地描述其变化规律。

5.4.4　模型的方程

系统动力学模型由流图与构造方程组成。构造方程式是指在确定反馈环中的流位和流速的定性与定量关系，并且根据已画出的系统流图，进一步确定相应变量的数量关系。本书模型中主要变量与方程如表 5-1 所示。

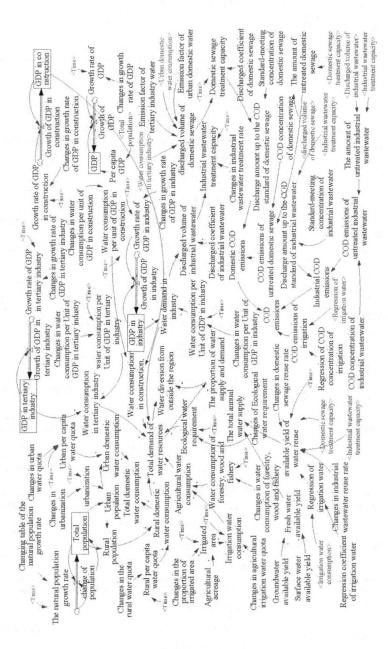

图 5-2　COD 排放系统流图界面

表5-1　模型主要变量与方程

变量名称	单位	主要方程
人口方程		
总人口	万人	INTEG（出生人口－死亡人口,652.62）
出生人口	万人	总人口×出生率
出生率	1/a	出生率表函数（Time）×出生率调节系数
出生率表函数	1/a	［（2005,0）－（2030,1）］,（2005,0.019 6）,（2010, 0.020 6）,（2020,0.021 6）,（2030,0.022 2）
死亡人口	万人	总人口×死亡率
死亡率	1/a	死亡率表函数（Time）×死亡率调节系数
死亡率表函数	无量纲	［（2005,0）－（2030,1）］,（2005,0.011 8）,（2010, 0.012 5）,（2020,0.011）,（2030,0.011）
城市人口	万人	总人口×城市化率
城市化率	1/a	城镇化率表函数（Time）×城镇化率调节系数
城镇化率表函数	无量纲	［（2000,0）－（2030,1）］,（2005,0.21）,（2010, 0.23）,（2020,0.32）,（2030,0.38）
农村人口	万人	总人口－城市人口
生活用排水方程		
农村生活用水量	万t	（农村人口×农村人口人均生活用水定额（Time）× 365/1 000）/10 000
农村人均生活用水定额	升/（人·d）	［（2005,0）－（2030,100）］,（2005,176）,（2010, 165）,（2020,140）,（2030,120）
城市生活用水	万t	（城市人口×城市人均生活用水定额（Time）× 365/1000）/10000
城市人均生活用水定额	升/（人·d）	［（2005,0）－（2030,1）］,（2005,0.21）,（2010, 0.177）,（2020,0.17）,（2030,0.165）
农村生活耗水系数	无量纲	0.8
生活耗水系数	无量纲	0.85
城市生活污水排放量	万t	城市人口×（城市人均生活用水定额（Time））× 生活耗水系数
污水处理率表函数	无量纲	［（2005,0）－（2030,1）］,（2005,0.3）,（2010, 0.4）,（2020,0.45）,（2030,0.52）

续表 5-1

变量名称	单位	主要方程
生活污水处理率	无量纲	污水处理率表函数(Time)×调节系数×1
生活污水处理量	万 t	（城市生活污水排放量＋第三产业废水排放量）×生活污水处理率
农业用排水方程		
万元农业产值用水量	万 t/亿元	农业灌溉用水量/农业产值
农业灌溉用水变化量	万 t	农业灌溉用水量×灌溉用水变化率
农田灌溉面积	亩	农业灌溉用水量/单位灌溉面积用水量
灌溉用水变化率	1/a	0.03
灌溉节水量	万 t/亩	农田灌溉面积×单位面积节水量
单位耕地面积用水量	万 t/亩	单位面积灌溉定额×（1－单位面积节水率）
单位面积灌溉定额	m³/亩	270
单位面积节水率	无量纲	0.2
单位面积节水量	万 t	单位面积灌溉定额×单位面积节水率
农业废水排放总量	万 t	农业灌溉用水量×农业废水排放系数
农业废水排放系数	无量纲	0.3
第二产业用排水方程		
第二产业单位 GDP 用水量	万 t/亿元	单位第二产业用水量表函数(Time)×0.7
第二产业单位用水量表函数	万 t/亿元	[（2005,0）-（2030,40）],（2005,85）,（2010,65）,（2020,50）,（2030,38）
第二产业用水量	万 t	第二产业 GDP×单位第二产业 GDP 用水量
第二产业单位产值 COD 产生量	t/亿元	27.6
第二产业废水处理量	万 t	第二产业废水排放量×第二产业废水排放达标率

续表 5-1

变量名称	单位	主要方程
第二产业废水排放系数	无量纲	0.62
第二产业废水排放达标率	无量纲	0.99
第二产业废水排放量	万 t	第二产业用水量×第二产业废水排放系数
第三产业用排水方程		
单位第三产业 GDP 用水量	万 t/亿元	$[(2005,0)-(4000,20)],(2005,12),(2010,12),(2020,11),(2030,10.2)$
第三产业用水量	万 t	第三产业产值 GDP × 单位三产 GDP 用水量(Time)
第三产业废水排放系数		0.8
第三产业废水排放量		第三产业用水量×第三产业废水排放系数
生态用水方程		
生态用水量	万 t	生态用水量变化表函数(Time)
生态用水量变化表函数	万 t	$[(2005,0)-(2030,20)],(2005,0.15),(2010,0.31),(2020,2.03),(2030,3.846)$
经济方程		
人均 GDP	万元/人	国内生产总值 GDP/总人口
国内生产总值 GDP	亿元	INTEG(GDP 增长量,951.016)
农业产值	亿元	INTEG(农业产值增长值,136.454)
农业产值变化率表函数	1/a	$[(2005,0)-(2030,1)],(2005,0.1335),(2010,0.1284),(2015,0.115),(2020,0.107),(2025,0.102),(2030,0.09)$
农业产值增长值	亿元/a	农业产值×农业产值变化率表函数(Time)
GDP 增长率	1/a	$[(2005,0)-(2030,10)],(2005,0.2),(2010,0.15),(2020,0.12),(2030,0.12)$

续表 5-1

变量名称	单位	主要方程
GDP 增长量	亿元	国内生产总值 GDP×GDP 增长率表函数(Time)
第二产业 GDP	亿元	INTEG(第二产业产值增长值,458.45)
第二产业产值增长值	亿元/a	第二产业 GDP×第二产业产值增长率表函数(Time)
第二产业产值增长率表函数	1/a	[(2005,0) - (2030,1)],(2005,0.243 5),(2010,0.18),(2015,0.13),(2020,0.095),(2025,0.082),(2030,0.061)
万元 GDP 耗水量	t/万元	水资源年需水总量/国内生产总值 GDP
第三产业 GDP 增长值	亿元	第三产业产值 GDP×第三产业 GDP 增长率表函数(Time)
第三产业 GDP 增长率表函数	1/a	[(2005,0) - (2030,1)],(2005,0.222 3),(2010,0.18),(2015,0.15),(2020,0.118 1),(2025,0.1),(2030,0.08)
第三产业产值 GDP	1/a	INTEG(第三产业 GDP 增长值,300.977)
水资源供需方程		
再生水资源可供量表函数	万 t	[(2005,0) - (2030,1)],(2005,0.58),(2010,2.61),(2020,3.71),(2030,5.52)
常规水资源可供量表函数	万 t	[(2005,0) - (2030,40)],(2005,22.3),(2010,24.64),(2020,29.4),(2030,36.8)
水资源供需平衡比	无量纲	水资源年供应总量/水资源年需水总量
水资源年供应总量	万 t	再生水资源可供量表函数(Time) + 常规水资源可供量表函数(Time)
水资源年需水总量	万 t	农业灌溉用水量 + 城市生活用水量 + 农村生活用水量 + 第二产业用水量 + 生态用水量 + 第三产业用水量
水环境负荷方程		
COD 产生总量	t	单位第二产业 GDP 产生 COD 量×第二产业 GDP + 人均生活 COD 产生量×城市人口 + 单位农业污水 COD 产生量×(农业废水排放总量 + 农村生活污水排放量) + 单位第三产业 GDP 产生 COD 量×第三产业产值 GDP

续表 5-1

变量名称	单位	主要方程
COD 出水标准	t/万 t	0.6
COD 排放量	t	COD 产生总量 × (1 − 生活污水处理率) + 污水处理厂 COD 排放量 + 单位农业污水 COD 产生量 × (农业废水排放总量 + 农村生活污水排放量)
废水处理总量	万 t	第三产业废水处理量 + 生活污水处理量
废水排放总量	万 t	农业废水排放总量 + 第二产业废水排放量 + 城市生活污水排放量 + 农村生活污水排放量 + 第三产业废水排放量
污水厂 COD 排放量	t	废水处理总量 × COD 出水标准
污水处理率表函数	无量纲	[(2005,0) − (2030,1)],(2005,0.3),(2010,0.4),(2020,0.45),(2030,0.52)
人均生活 COD 产生量	t/万人	175
单位农业污水 COD 产生量	t/万 t	1.5
单位第三产业 GDP 产生 COD 量	t/万 t	138
其他方程		
FINAL TIME	a	2030
INITIAL TIME	a	2005
TIME STEP	a	1

5.4.5　模型的有效性检验

　　根据建模的目的,模型运行之前应对模型结构和功能进行全面的检验,以保障模型的有效性和真实性。系统动力学模型的适用性与一致性的检验过程包括以下四组:结构的合适性检验、模型行为的适用性检验、模型结构与实际系统的一致性检验、模型行为与实际系统的一致性检验。

　　模型结构、行为与实际系统一致性检验,主要是将历史参数输入模型进行模型仿真,然后与历史实际发生的行为、数据进行对比,验证其仿真结果,从而对模型结构、行为与实际系统一致性进行判断。

　　建立方程之后,利用滦河流域 2005 ~ 2009 年的统计数据推出的统计规律,在模型中输入已确定的各个变量的参数值,进行系统仿真模拟,检验模拟值与同时期统计资料中的数据是否有一致性。经检验,所有检验变量的误差全部在 10% 以内,大部分变量的误差保持在 5% 之内。表明模型运行正确,参数变化规律能代表变量的发展趋势,可以进行下一步的未来情景分析和推测。表 5-2 和表 5-3 为人口变量和用水变量模拟检验结果。

表 5-2　人口回顾性检验

年份	实际人口数(万人)	模拟人口数(万人)	相对误差
2005	652.63	652.63	0
2006	657.33	657.72	0.000 59
2007	663.54	662.89	− 0.000 98
2008	668.65	668.14	− 0.000 76
2009	673.43	673.47	0.000 06

表 5-3　各项用水量回顾性检验

年份	农业用水			第二产业用水			生活用水			生态用水		
	AC	RS	RE	AC	RS	RE	AC	RS	RE	AC	RS	RE
2005	24.49	24.49	0	6.84	6.84	0	4.82	4.82	0	0.15	0.15	0
2006	26.09	25.48	− 2.34	7.59	7.59	− 0.05	4.70	4.89	3.97	0.13	0.13	3.08
2007	25.72	25.28	− 1.71	7.77	7.86	1.16	4.90	4.94	0.85	0.12	0.13	8.33
2008	24.93	25.08	0.60	7.95	8.06	1.43	5.05	5.00	− 1.03	0.16	0.17	6.25
2009	24.34	24.88	2.22	7.21	7.27	0.86	5.17	5.05	− 2.23	0.26	0.27	2.31

注:AC—实际用水量,亿 m^3 ;RS—模拟用水量,亿 m^3 ;RE—相对误差(%)。

5.5　滦河流域 COD 负荷计算方案设计

　　目前滦河流域水资源不足已经成为制约该地区经济社会发展的主要因素。为促进水资源与经济协调发展,需要从根本上提高这一地区的水资源承载力。为了使滦河流域有限的水资源能够得到科学合理的利用和保障水资源的供需平衡,根据《海河流域水污染防治"十一五"规划》等政策规划的指导,把握水资源承载力内涵和特点,以选取决策变量的原则为基础,合理调整各决策变量,从而设计了多种方案进行模拟。

根据以上原则,以及模型的试运行,并结合滦河流域水资源具体情况,选取城镇居民人均生活用水量、农村人均生活用水量、单位面积灌溉定额、第二产业增加值增长速率、第三产业单位 GDP 用水量和生活污水处理率作为决策变量。通过对各决策变量的合理调整,设计出了提高滦河流域水资源承载力的五种方案,具体方案如下:

方案一:零方案。水资源供水保证率为 75%,其他变量保持现状条件下参数值不变。

方案二:节水型方案。节水是提高水资源承载力的重要环节,滦河流域水资源的利用效率和效益以及节水技术水平都比较低,水资源承载主要对象的人口生活用水、农业灌溉用水、第二三产业生产用水都存在着很大的节水空间。因此,方案二在方案一的基础上,考虑生活节水和三大产业节水。

方案三:治污型方案。在方案一的基础上,加大污水处理率。2004 年滦河流域污水处理率为 40%,2020 年使污水处理率不低于 75%,到 2030 年污水处理率达到 90%。因而,若实现这个目标,必须采取有效措施,逐步提高污水处理率,实现预期的目标,从而改善滦河流域水体污染情况,提高水资源承载力。

方案四:调整产业结构。滦河流域第一产业的比重较为合理,第二产业的比重偏高,第三产业的比重显得偏低,而且第二产业和第三产业的用水差别比较大。参照发达国家第一、二、三产业比重,调整产业结果,到 2030 年这三个产业的比重达到 10∶38∶52。通过合理调整三个产业的内部结构来实现水资源合理配置,以提高滦河流域水资源的利用效率。

方案五:综合方案二、三、四。水资源供水保证率还保持在 75%,同时综合考虑方案二、三、四的条件,进行模拟滦河流域水资源承载力的变化趋势及改善程度。

5.6　五种方案下的滦河流域 COD 污染负荷计算

5.6.1　不同方案下的水资源供需分析

按五种方案来预测滦河流域水资源承载力的未来变化趋势。在对滦河流域 COD 污染负荷 SD 模型赋予各种条件下的参数值后,运行模型得出各项指标变量的模拟值。不同方案下的水资源供需水量见图 5-3。

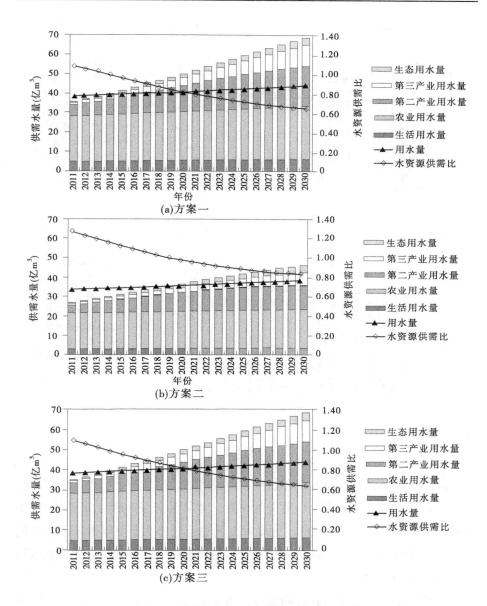

图 5-3 不同方案下的水资源供需水量

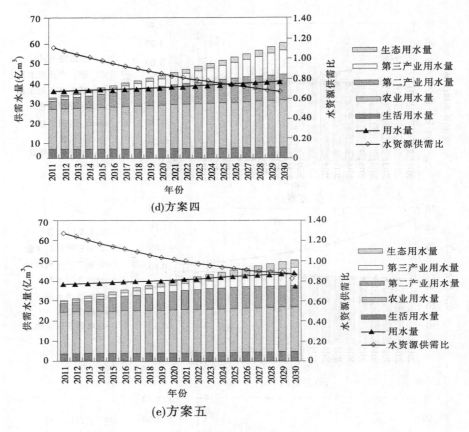

(d)方案四

(e)方案五

续图 5-3

　　现状条件下,落后的用水模式、粗放型经济增长模式和不合理的经济增长速度导致了滦河流域水资源承载力的下降。水资源开发利用水平低,导致了大量的水资源浪费(见图 5-3)。为滦河流域的经济和社会发展带来了沉重的负担,水资源供给远远达不到社会的经济发展的需求,它没能很好地体现水资源可持续利用的理念。

　　方案二采用以节水为核心的调整方案。从图 5-3 可以看出,该方案下,滦河流域水资源承载力的水平比方案一有了较大的提高。两种方案下的水资源供需比有了明显的不同,节水方案的水资源供需比较方案一有了较大的好转,平均增幅达到 20% 。

与方案一相比,方案四中的第二产业的增长速度减缓,水资源的使用量也有相应的减少。第三产业 GDP 增长速度提高后,该行业产业所占比例有了稳步的提高,用水也得到了保障,确保了该行业在国民经济中的地位。因此,此方案减少了需水量,水资源的供给和需求的比例相应增加在一定程度上,但其效果不是很明显。

方案五是在方案一的基础上,综合了方案二、三、四。即同时考虑了节水、治污和调整产业结构各方面的条件。在这个方案中,工业产值增长速度减缓,第三产业产值增速提高;水资源供需矛盾在模拟期内得到改善,污水处理率有很大的提高;万元产值工业需水量和灌溉定额降低。

5.6.2　不同方案下的污染物排放量分析

方案一由于在污染控制和水资源保护方面的缺陷,导致严重污染水的情况,水污染负荷过重,方案三是以治污为主的调节方案。其主要方法是通过提高生活和工业污水处理率,达到减少水体污染物排放的目的。从表 5-4 中可以看出,在方案三下污染物(COD)排放量从整体上有了一定的减少,与方案一相比提高了 10% 左右,因此整体治污水平有所提高。在方案四中,由于产业结构调整,污染物(COD)排放量较方案一也有一定的下降。方案五中滦河流域的 COD 排放量要远远小于其他四种方案,较方案一平均减少了近 30% ,这有利于区域社会、经济、环境的协调发展。所以,方案五为区域发展的优选方案。

5.6.3　不同方案下的基层控制单元 COD 污染负荷排放

各方案下各控制单元的需水量、污水排放量和 COD 排放量均呈现出逐年增加的趋势,方案五下的各种量的增加最为缓慢。各控制单元 2011～2030 年的需水量、污水排放量和 COD 排放量分述于表 5-5～表 5-7。

表 5-4　各种情景下的污染物排放量

年份	方案一		方案二		方案三		方案四		方案五	
	WE	CE	WE	CE	WE	CE	WE	CE	WE	CE
2011	107 219	176 591	99 923	160 275	107 219	157 797	102 796	176 519	91 889	137 178
2012	112 752	187 477	104 161	169 166	112 752	166 051	108 026	186 835	95 425	142 680
2013	118 738	199 246	108 709	178 745	118 738	174 842	113 586	197 669	99 155	148 294
2014	125 107	211 734	113 489	188 849	125 107	184 016	119 375	208 748	103 001	153 830
2015	131 767	224 718	118 402	199 263	131 767	193 376	125 273	219 734	106 875	159 073
2016	138 602	227 108	123 335	200 199	138 602	202 698	131 149	219 795	110 679	163 807
2017	145 771	240 289	128 434	210 605	145 771	197 775	137 321	219 155	114 621	168 461
2018	153 220	241 844	133 646	221 327	153 220	206 778	143 772	229 160	118 676	172 970
2019	160 884	255 155	138 912	232 251	160 884	215 761	150 479	239 255	122 818	177 264
2020	168 688	268 633	144 166	237 453	168 688	224 593	153 485	249 346	127 017	181 275
2021	177 018	282 243	149 445	241 715	177 018	227 903	158 774	252 928	131 306	184 960
2022	185 495	281 109	154 663	251 669	185 495	230 571	166 325	255 977	135 637	188 323
2023	194 049	293 991	159 757	261 397	194 049	232 504	174 157	265 405	139 983	191 317
2024	202 606	306 626	164 668	270 768	202 606	239 929	182 257	274 647	144 322	193 900
2025	211 087	318 858	169 336	279 650	211 087	246 830	190 610	283 628	148 628	196 036
2026	219 416	330 533	173 704	287 912	219 416	239 784	194 030	276 890	152 881	201 655
2027	227 714	332 909	177 847	295 763	227 714	245 320	197 368	285 047	157 173	204 030
2028	235 925	339 876	181 725	303 119	235 925	250 386	206 248	293 146	161 489	205 083
2029	243 995	344 225	185 299	309 900	243 995	254 930	209 591	301 158	165 817	210 811
2030	251 869	353 581	188 533	316 033	251 869	258 903	218 942	309 062	170 140	211 176

注：WE—污水排放量，万 m³；CE—COD 排放量，t/a。

表 5-5　不同方案下各典型代表年总需水量　（单位：万 m³）

控制单元	方案一				方案二				方案三				方案四				方案五			
	2015	2020	2025	2030	2015	2020	2025	2030	2015	2020	2025	2030	2015	2020	2025	2030	2015	2020	2025	2030
1	2 756	3 598	4 429	5 067	2 672	3 384	4 063	4 621	2 756	3 598	4 429	5 067	2 610	3 288	4 012	4 746	2 296	2 841	3 352	3 809
2	3 161	4 076	4 912	5 477	3 258	4 064	4 847	5 565	3 161	4 076	4 912	5 477	2 989	3 724	4 449	5 131	2 665	3 290	3 850	4 347
3	7 219	8 695	10 303	11 790	6 510	7 677	8 853	9 860	7 219	8 695	10 303	11 790	6 971	8 229	9 688	11 302	6 094	7 033	7 994	8 920
4	506	653	787	877	522	651	776	891	506	653	787	877	479	596	713	822	427	527	617	696
5	9 564	10 530	11 723	13 065	8 251	8 853	9 519	10 190	9 553	10 460	11 525	12 721	9 334	10 214	11 237	12 400	8 148	8 713	9 325	9 951
6	152	196	236	264	157	196	233	268	152	196	236	264	144	179	214	247	128	158	185	209
7	3 583	4 619	5 567	6 207	3 692	4 606	5 493	6 307	3 583	4 619	5 567	6 207	3 387	4 221	5 042	5 815	3 021	3 729	4 363	4 927
8	7 403	8 533	9 660	10 622	6 828	7 725	8 626	9 479	7 403	8 533	9 660	10 622	7 173	8 150	9 182	10 240	6 314	7 049	7 758	8 429
9	6 681	7 356	8 189	9 127	5 764	6 184	6 650	7 118	6 674	7 307	8 051	8 887	6 520	7 135	7 850	8 662	5 692	6 087	6 514	6 952
10	15 566	17 437	19 563	21 656	13 488	14 764	16 031	17 046	15 560	17 395	19 446	21 453	15 180	16 804	18 655	20 730	13 252	14 313	15 390	16 431
11	7 902	8 567	9 326	10 159	6 861	7 288	7 749	8 217	7 902	8 567	9 326	10 159	7 750	8 393	9 140	9 981	6 778	7 174	7 608	8 061
12	3 291	3 658	4 048	4 427	2 929	3 195	3 471	3 739	3 291	3 658	4 048	4 427	3 212	3 546	3 917	4 315	2 816	3 046	3 281	3 513
13	2 645	2 912	3 242	3 613	2 282	2 448	2 632	2 818	2 642	2 892	3 187	3 518	2 581	2 824	3 107	3 429	2 253	2 409	2 579	2 752
14	12 429	13 998	15 743	17 392	10 785	11 879	12 938	13 728	12 427	13 984	15 702	17 320	12 118	13 464	14 989	16 692	10 578	11 462	12 343	13 180
15	2 401	2 603	2 834	3 087	2 085	2 214	2 355	2 497	2 401	2 603	2 834	3 087	2 355	2 551	2 777	3 033	2 060	2 180	2 312	2 450
16	5 190	5 731	6 334	6 937	4 507	4 873	5 242	5 556	5 190	5 731	6 334	6 937	5 077	5 566	6 125	6 752	4 437	4 748	5 071	5 392
17	13 301	15 359	17 646	19 724	11 531	13 024	14 451	15 439	13 273	15 290	17 493	19 426	12 988	14 684	16 663	18 993	11 229	12 370	13 516	14 655

续表 5-5

控制单元	方案一				方案二				方案三				方案四				方案五			
	2015	2020	2025	2030	2015	2020	2025	2030	2015	2020	2025	2030	2015	2020	2025	2030	2015	2020	2025	2030
18	5 054	5 747	6 505	7 198	4 384	4 879	5 346	5 675	5 054	5 747	6 505	7 198	4 905	5 485	6 157	6 923	4 274	4 656	5 043	5 417
19	4 360	5 207	6 166	7 032	3 767	4 399	5 007	5 418	4 335	5 147	6 032	6 770	4 269	4 943	5 761	6 783	3 631	4 096	4 574	5 079
20	4 319	4 885	5 505	6 071	3 752	4 153	4 533	4 803	4 319	4 885	5 505	6 071	4 210	4 691	5 234	5 839	3 675	3 992	4 304	4 596
21	5 457	6 276	7 175	7 994	4 719	5 313	5 870	6 256	5 457	6 276	7 175	7 994	5 244	5 911	6 724	7 691	4 552	4 991	5 460	5 938
22	2 034	2 301	2 593	2 859	1 767	1 956	2 135	2 262	2 034	2 301	2 593	2 859	1 983	2 210	2 465	2 750	1 731	1 880	2 027	2 165
23	8 932	11 455	14 469	17 803	7 357	9 250	11 221	13 077	8 932	11 455	14 469	17 803	8 309	10 617	13 457	16 901	6 849	8 466	10 187	12 001
24	10 972	12 553	14 361	16 106	9 496	10 631	11 768	12 655	10 933	12 456	14 145	15 687	10 763	12 097	13 709	15 692	9 253	10 143	11 087	12 099
25	12 516	14 394	16 457	18 336	10 824	12 187	13 465	14 350	12 516	14 394	16 457	18 336	12 028	13 558	15 423	17 640	10 440	11 448	12 524	13 620
26	1 746	2 142	2 594	3 000	1 505	1 804	2 093	2 286	1 732	2 105	2 512	2 842	1 714	2 022	2 404	2 898	1 438	1 654	1 879	2 124
27	23 009	29 233	35 646	40 676	19 587	24 322	28 341	30 451	23 009	29 233	35 646	40 676	21 937	26 583	32 101	38 076	18 968	22 244	25 509	28 367
28	14 227	18 438	23 471	28 970	11 719	14 891	18 188	21 227	14 202	18 377	23 336	28 708	13 302	17 104	21 791	27 534	10 894	13 571	16 412	19 428
29	20 524	23 916	27 856	31 526	17 582	20 060	22 583	24 447	20 524	23 916	27 856	31 526	19 926	22 981	26 628	30 375	17 880	20 045	22 329	24 288
30	722	830	949	1 058	624	703	777	828	722	830	949	1 058	694	782	890	1 018	602	660	723	786
31	5 079	5 841	6 678	7 441	4 393	4 946	5 464	5 823	5 079	5 841	6 678	7 441	4 881	5 502	6 259	7 158	4 237	4 646	5 082	5 527
32	367	422	483	538	317	357	395	421	367	422	483	538	353	398	452	517	306	336	367	400
33	2 900	3 336	3 813	4 249	2 508	2 824	3 120	3 325	2 900	3 336	3 813	4 249	2 787	3 142	3 574	4 088	2 419	2 653	2 902	3 156

续表 5-5

控制单元	方案一				方案二				方案三				方案四				方案五			
	2015	2020	2025	2030	2015	2020	2025	2030	2015	2020	2025	2030	2015	2020	2025	2030	2015	2020	2025	2030
34	15 140	19 186	24 185	29 984	12 553	15 609	18 928	22 216	15 140	19 186	24 185	29 984	14 139	17 799	22 443	28 274	11 860	14 478	17 381	20 567
35	4 641	5 352	6 219	7 115	3 991	4 506	5 067	5 561	4 652	5 374	6 246	7 148	4 515	5 213	6 065	6 977	3 903	4 371	4 883	5 353
36	5 506	8 130	10 599	12 232	4 630	6 679	8 198	8 712	5 506	8 130	10599	12 232	4 856	6 529	8 507	10 755	4 035	5 217	6 328	7 322
37	1 954	2 711	3 492	4 150	1 646	2 236	2 734	3 020	1 954	2 711	3 492	4 150	1 766	2 283	2 927	3 708	1 500	1 875	2 260	2 648
38	3 931	5 804	7 567	8 732	3 305	4 768	5 853	6 220	3 931	5 804	7 567	8 732	3 467	4 661	6 073	7 678	2 881	3 724	4 518	5 227
39	4 341	5 006	5 817	6 655	3 733	4 214	4 739	5 201	4 351	5 027	5 843	6 686	4 223	4 876	5 673	6 526	3 651	4 088	4 567	5 007
40	1 010	1 165	1 354	1 549	869	981	1 103	1 211	1 013	1 170	1 360	1 556	983	1 135	1 320	1 519	850	951	1 063	1 165
41	9 547	12 009	15 068	18 630	8 096	9 972	11 979	13 901	9 548	12 012	15 076	18 643	9 017	11 171	13 945	17 453	7 779	9 357	11 103	12 982
42	11 385	15 645	19 961	23 452	9 655	12 905	15 522	16 865	11 386	15 651	19 976	23 476	10 489	13 767	17 554	21 725	8 729	11 004	13 095	14 873
43	19 093	24 329	30 120	35 594	16 084	19 966	23 495	25 945	19 106	24 355	30 153	35 634	18 338	23 033	28 272	33 902	15 237	18 438	21 323	23 747
44	5 761	6 644	7 720	8 832	4 954	5 593	6 290	6 903	5 774	6 671	7 754	8 873	5 604	6 470	7 529	8 661	4 845	5 425	6 061	6 644
45	18 415	23 715	29 541	35 015	15 476	19 411	22 948	25 356	18 424	23 733	29 564	35 043	17 661	22 387	27 628	33 261	14 608	17 833	20 699	23 090
46	8 696	11 434	14 382	17 099	7 412	9 457	11 223	12 373	8 698	11 443	14 400	17 128	8 211	10 634	13 393	16 369	6 839	8 502	10 008	11 243
47	8 026	8 667	9 379	10 187	6 978	7 380	7 796	8 234	8 026	8 667	9 379	10 187	7 897	8 532	9 244	10 061	6 899	7 268	7 666	8 094
48	30 015	39 472	49 741	59 271	25 177	32 219	38 402	42 459	30 019	39 483	49 758	59 295	28 650	37 001	46 212	56 121	23 532	29 246	34 231	38 331
49	32 046	36 817	42 201	47 308	27 816	31 149	34 392	36 773	32 046	36 817	42 201	47 308	32 498	37 904	44 550	51 192	26 733	29 440	32 543	35 214

表5-6　不同方案下各典型代表年废污水排放总量

（单位：万 m³）

控制单元	方案一				方案二				方案三				方案四				方案五			
	2015	2020	2025	2030	2015	2020	2025	2030	2015	2020	2025	2030	2015	2020	2025	2030	2015	2020	2025	2030
1	928	1 271	1 611	1 857	974	1 264	1 542	1 774	928	1 271	1 611	1 857	862	1 100	1 374	1 556	687	847	991	1 110
2	1 086	1 453	1 779	1 968	1 265	1 617	1 960	2 280	1 086	1 453	1 779	1 968	1 006	1 256	1 512	1 638	799	970	1 100	1 187
3	2 162	2 724	3 364	3 959	2 091	2 515	2 952	3 331	2 162	2 724	3 364	3 959	2 048	2 449	2 983	3 380	1 753	2 025	2 316	2 606
4	174	233	285	315	203	259	314	365	174	233	285	315	161	201	242	262	128	155	176	190
5	2 636	2 930	3 359	3 871	2 477	2 641	2 850	3 071	2 630	2 895	3 261	3 701	2 509	2 690	2 975	3 099	2 326	2 470	2 652	2 847
6	52	70	86	95	61	78	94	110	52	70	86	95	48	60	73	79	38	47	53	57
7	1 230	1 647	2 016	2 230	1 433	1 833	2 221	2 584	1 230	1 647	2 016	2 230	1 140	1 424	1 713	1 856	905	1 100	1 246	1 345
8	2 196	2 603	3 014	3 344	2 262	2 609	2 964	3 307	2 196	2 603	3 014	3 344	2 087	2 363	2 695	2 846	1 820	2 015	2 194	2 349
9	1 841	2 047	2 347	2 704	1 731	1 845	1 991	2 145	1 837	2 023	2 278	2 585	1 753	1 879	2 078	2 165	1 625	1 726	1 853	1 989
10	4 379	5 053	5 874	6 696	4 081	4 504	4 943	5 290	4 376	5 033	5 816	6 595	4 181	4 621	5 232	5 576	3 804	4 127	4 484	4 857
11	2 160	2 350	2 601	2 894	2 040	2 154	2 295	2 443	2 160	2 350	2 601	2 894	2 085	2 213	2 425	2 508	1 915	2 013	2 138	2 277
12	930	1 050	1 186	1 318	912	1 002	1 101	1 199	930	1 050	1 186	1 318	892	973	1 085	1 133	802	861	924	987
13	729	810	929	1 071	685	730	788	849	727	801	902	1 023	694	744	823	857	643	683	733	787
14	3 519	4 107	4 794	5 447	3 271	3 649	4 025	4 298	3 518	4 100	4 774	5 412	3 363	3 752	4 277	4 588	3 042	3 323	3 623	3 935
15	656	714	790	879	620	655	697	742	656	714	790	879	634	673	737	762	582	612	650	692
16	1 443	1 627	1 848	2 074	1 353	1 469	1 592	1 696	1 443	1 627	1 848	2 074	1 388	1 510	1 689	1 780	1 264	1 354	1 456	1 566
17	3 917	4 746	5 714	6 606	3 575	4 124	4 665	5 039	3 706	4 395	5 158	5 816	3 775	4 325	5 082	5 661	3 293	3 678	4 097	4 568

续表 5-6

控制单元	方案一				方案二				方案三				方案四				方案五			
	2015	2020	2025	2030	2015	2020	2025	2030	2015	2020	2025	2030	2015	2020	2025	2030	2015	2020	2025	2030
18	1 466	1 734	2 041	2 322	1 349	1 524	1 692	1 807	1 466	1 734	2 041	2 322	1 392	1 569	1 814	1 977	1 329	1 509	1 707	1 900
19	1 356	1 715	2 147	2 547	1 208	1 447	1 690	1 859	1 171	1 407	1 658	1 852	1 322	1 560	1 897	2 207	1 098	1 261	1 445	1 667
20	1 229	1 447	1 694	1 921	1 140	1 283	1 420	1 514	1 229	1 447	1 694	1 921	1 176	1 321	1 514	1 631	1 058	1 162	1 271	1 383
21	1 647	1 969	2 342	2 685	1 492	1 699	1 900	2 034	1 647	1 969	2 342	2 685	1 542	1 752	2 062	2 297	1 652	1 983	2 365	2 719
22	579	682	798	905	537	604	669	713	579	682	798	905	554	622	713	768	498	547	598	651
23	2 787	3 830	5 198	6 804	2 676	3 455	4 326	5 182	2 787	3 830	5 198	6 804	2 619	3 509	4 756	5 949	2 110	2 740	3 483	4 314
24	3 235	3 845	4 602	5 354	2 950	3 348	3 775	4 113	2 939	3 351	3 820	4 243	3 150	3 554	4 160	4 658	2 720	3 001	3 337	3 743
25	3 778	4 516	5 371	6 158	3 422	3 898	4 359	4 666	3 778	4 516	5 371	6 158	3 538	4 018	4 729	5 268	3 788	4 549	5 425	6 236
26	566	739	948	1 144	495	611	729	812	455	553	653	724	557	671	835	998	446	523	612	723
27	7 862	10 658	13 581	15 841	6 699	8 599	10 213	11 005	7 841	10 636	13 558	15 818	7 219	9 054	11 466	13 280	6 221	7 510	8 876	10 188
28	4 503	6 266	8 574	11 247	4 286	5 597	7 060	8 474	4 317	5 957	8 085	10 552	4 274	5 755	7 832	9 856	3 239	4 191	5 317	6 631
29	6 042	7 415	9 073	10 622	5 470	6 386	7 334	8 013	6 042	7 415	9 073	10 622	5 746	6 802	8 219	9 079	5 449	6 264	7 148	7 944
30	218	261	310	355	197	225	251	269	218	261	310	355	204	232	273	304	219	262	313	360
31	1 533	1 833	2 180	2 499	1 389	1 582	1 769	1 894	1 533	1 833	2 180	2 499	1 436	1 631	1 919	2 138	1 537	1 846	2 202	2 531
32	111	132	158	181	100	114	128	137	111	132	158	181	104	118	139	155	111	133	159	183
33	875	1 046	1 245	1 427	793	903	1 010	1 081	875	1 046	1 245	1 427	820	931	1 096	1 221	878	1 054	1 257	1 445

续表5-6

控制单元	方案一				方案二				方案三				方案四				方案五			
	2015	2020	2025	2030	2015	2020	2025	2030	2015	2020	2025	2030	2015	2020	2025	2030	2015	2020	2025	2030
34	4 800	6 438	8 660	11 393	4 490	5 690	7 082	8 517	4 800	6 438	8 660	11 393	4 488	5 851	7 847	9 842	3 745	4 727	5 945	7 392
35	1 433	1 734	2 124	2 537	1 293	1 485	1 713	1 915	1 423	1 712	2 096	2 503	1 355	1 597	1 944	2 168	1 197	1 362	1 559	1 744
36	2 391	3 648	4 847	5 633	1 869	2 732	3 376	3 581	2 376	3 633	4 831	5 616	2 091	2 835	3 798	4 631	1 541	2 026	2 528	3 039
37	779	1 125	1 489	1 795	628	865	1 065	1 175	775	1 122	1 485	1 791	692	905	1 202	1 480	548	692	857	1 046
38	1 707	2 605	3 460	4 021	1334	1 950	2 410	2 556	1 696	2 594	3 449	4 009	1 493	2 024	2 712	3 306	1 100	1 446	1 805	2 169
39	1 341	1 622	1 987	2 373	1 209	1 389	1 602	1 791	1 331	1 601	1 961	2 341	1 267	1 494	1 818	2 028	1 120	1 274	1 458	1 631
40	312	377	462	552	281	323	373	417	310	373	456	545	295	348	423	472	261	296	339	380
41	3 491	4 551	5 949	7 649	2 930	3 642	4 440	5 235	3 492	4 553	5 952	7 653	3 241	4 068	5 280	6 464	2 730	3 314	4 036	4 917
42	4 827	6 905	9 079	10 905	3 848	5 258	6 440	7 103	4 816	6 896	9 073	10 902	4 407	5 883	7 739	9 236	3 290	4 248	5 212	6 142
43	7 057	9 625	12 558	15 421	5 864	7 588	9 233	10 456	7 044	9 597	12 523	15 378	6 682	8 781	11 315	13 193	5 246	6 624	7 971	9 215
44	1 779	2 152	2 636	3 149	1 605	1 844	2 127	2 377	1 766	2 125	2 602	3 107	1 682	1 983	2 413	2 691	1 486	1 690	1 935	2 165
45	6 932	9 553	12526	15 414	5 715	7 479	9 141	10 364	6 923	9 533	12 500	15 382	6 564	8 709	11 272	13 188	5 094	6 499	7 857	9 109
46	3 635	4 992	6 518	8 002	2 932	3 843	4 680	5 293	3 636	4 995	6 525	8 013	3 403	4 503	5 861	6 906	2 558	3 271	3 974	4 629
47	2 153	2 341	2 573	2 866	2 043	2 153	2 277	2 420	2 153	2 341	2 573	2 866	2 095	2 228	2 428	2 506	1 921	2 013	2 126	2 260
48	11 835	16 569	21 878	26 998	9 598	12 796	15 745	17 875	11 831	16 562	21 869	26 989	11 189	15 062	19 649	23 131	8 477	11 005	13 412	15 631
49	9 564	11 600	14 018	16 331	8 705	10 040	11 394	12 388	9 727	11 916	14 546	17 099	9 209	10 987	13 515	15 162	8 008	9 177	10 557	11 795

表 5-7　不同方案下各典型代表年 COD 排放量

（单位：t/a）

控制单元	方案一				方案二				方案三				方案四				方案五			
	2015	2020	2025	2030	2015	2020	2025	2030	2015	2020	2025	2030	2015	2020	2025	2030	2015	2020	2025	2030
1	1 965	2 587	3 209	3 557	1 920	2 462	3 019	3 501	1 456	1 807	1 992	1 985	1 916	2 349	2 778	3 046	1 073	1 288	1 395	1 445
2	2 336	3 024	3 660	3 953	2 412	2 994	3 567	4 072	1 727	2 104	2 252	2 164	2 285	2 784	3 250	3 518	1 276	1 521	1 616	1 630
3	3 847	4 691	5 691	6 403	3 601	4 358	5 255	6 128	3 065	3 548	3 875	4 010	3 783	4 377	5 098	5 643	2 367	2 704	2 933	3 152
4	374	484	586	633	386	480	571	652	277	337	361	347	366	446	521	563	204	244	259	261
5	3 935	4 123	4 635	5 181	3 629	3 770	4 115	4 597	3 447	3 494	3 545	3 647	3 917	4 020	4 335	4 656	2 862	3 020	3 162	3 413
6	112	146	176	190	116	144	172	196	83	101	108	104	110	134	156	169	61	73	78	78
7	2 647	3 427	4 147	4 480	2 734	3 393	4 042	4 614	1 957	2 384	2 552	2 453	2 590	3 155	3 684	3 987	1 446	1 724	1 832	1 848
8	3 696	4 230	4 808	5 116	3 600	4 070	4 599	5 129	3 043	3 326	3 430	3 387	3 653	4 028	4 460	4 732	2 389	2 628	2 748	2 874
9	2 749	2 880	3 238	3 619	2 535	2 633	2 874	3 211	2 408	2 441	2 477	2 548	2 736	2 808	3 028	3 253	1 999	2 110	2 209	2 384
10	6 487	7 191	8 256	9 064	5 888	6 515	7 386	8 253	5 727	6 131	6 414	6 563	6 424	6 869	7 551	8 072	4 635	5 028	5 320	5 724
11	2 997	2 991	3 120	3 246	2 747	2 772	2 902	3 118	2 713	2 694	2 675	2 716	2 991	2 968	3 075	3 177	2 230	2 306	2 379	2 562
12	1 406	1 500	1 635	1 721	1 327	1 417	1 544	1 692	1 219	1 265	1 279	1 281	1 397	1 458	1 562	1 636	9 82	1 044	1 083	1 151
13	1 088	1 140	1 282	1 433	1 003	1 042	1 138	1 271	9 53	9 66	9 80	1 008	1 083	1 112	1 199	1 288	791	835	874	944
14	5 201	5 865	6 774	7 399	4 697	5 298	6 073	6 786	4 602	5 008	5 285	5 401	5 142	5 567	6 156	6 571	3 695	4 043	4 292	4 614
15	911	909	948	986	835	842	882	948	824	819	813	825	909	902	935	965	677	701	723	779
16	2 058	2 188	2 406	2 562	1 870	2 001	2 199	2 410	1 846	1 922	1 971	2 007	2 044	2 121	2 272	2 384	1 497	1 592	1 666	1 793
17	6 041	7 078	8 366	9 177	5 401	6 338	7 454	8 386	5 263	5 926	6 400	6 584	5 577	5 983	6 514	6 827	4 271	4 721	5 038	5 441

续表 5-7

控制单元	方案一				方案二				方案三				方案四				方案五			
	2015	2020	2025	2030	2015	2020	2025	2030	2015	2020	2025	2030	2015	2020	2025	2030	2015	2020	2025	2030
18	2 200	2 509	2 905	3 155	1 976	2 257	2 600	2 895	2 011	2 258	2 448	2 554	2 154	2 337	2 594	2 792	1 533	1 674	1 777	1 913
19	2 232	2 704	3 274	3 627	1 979	2 400	2 888	3 276	1 897	2 202	2 431	2 527	1 863	1 936	2 035	2 066	1 577	1 751	1 876	2 041
20	1 813	2 072	2 404	2 615	1 631	1 868	2 159	2 412	1 608	1 771	1 882	1 921	1 791	1 957	2 174	2 318	1 283	1 413	1 504	1 615
21	2 560	2 912	3 355	3 631	2 293	2 608	2 982	3 299	2 480	2 878	3 227	3 487	2 466	2 634	2 920	3 205	1 730	1 858	1 961	2 121
22	854	976	1 132	1 232	768	880	1 017	1 136	757	834	886	905	843	922	1 024	1 092	604	665	708	761
23	6 063	6 996	7 985	8 779	5 376	6 203	6 927	7 591	5 119	5 767	6 312	6 843	6 157	6 846	7 558	8 180	3 846	4 264	4 514	4 850
24	4 992	5 602	6 436	6 987	4 485	5 050	5 777	6 434	4 339	4 723	5 015	5 180	4 409	4 417	4 544	4 596	3 615	3 885	4 094	4 444
25	5 872	6 679	7 695	8 327	5 259	5 981	6 840	7 566	5 688	6 601	7 402	7 999	5 657	6 042	6 698	7 351	3 969	4 261	4 499	4 866
26	976	1 208	1 483	1 653	860	1 066	1 301	1 483	816	966	1 082	1 132	758	768	783	772	689	768	824	901
27	14 203	18 036	21 923	24 025	12 421	15 787	19 040	21 324	11 946	14 611	16 239	16 489	13 660	15 766	18 168	19 693	8 952	10 309	11 193	11 913
28	9 869	11 544	13 335	14 725	8 731	10 215	11 557	12 744	8 163	9 233	10 109	10 897	9 700	10 714	11 716	12 533	6 324	7 047	7 482	8 058
29	10 295	11 780	13 814	15 202	9 359	10 721	12 492	14 080	8 633	9 570	10 321	10 661	10 203	11 335	12 927	13 922	6 929	7 711	8 315	8 844
30	339	385	444	480	303	345	395	437	328	381	427	461	326	349	386	424	229	246	260	281
31	2 383	2 710	3 123	3 379	2 134	2 427	2 776	3 071	2 308	2 679	3 004	3 246	2 295	2 452	2 718	2 983	1 611	1 729	1 826	1 975
32	172	196	226	244	154	175	201	222	167	194	217	235	166	177	196	216	116	125	132	143
33	1 361	1 548	1 783	1 930	1 219	1 386	1 585	1 753	1 318	1 530	1 715	1 854	1 311	1 400	1 552	1 703	920	987	1 043	1 128

续表 5-7

控制单元	方案一				方案二				方案三				方案四				方案五			
	2015	2020	2025	2030	2015	2020	2025	2030	2015	2020	2025	2030	2015	2020	2025	2030	2015	2020	2025	2030
34	10 102	11 673	13 691	15 802	9 021	10 431	12 020	13 945	8 479	9 529	10 541	11 656	10 184	11 299	12 700	14 161	6 581	7 293	7 835	8 628
35	2 278	2 516	2 872	3 167	2 125	2 386	2 712	3 063	1 922	2 081	2 238	2 386	2 305	2 551	2 884	3 157	1 567	1 738	1 895	2 083
36	4 645	6 578	8 260	9 019	3 876	5 542	6 914	7 697	3 921	53 14	6 072	6 071	4 309	5 206	6 069	6 626	2 696	3 247	3 555	3 787
37	1 504	2 020	2 545	2 920	1 289	1 739	2 176	2 552	1 261	1 623	1 856	1 935	1 420	1 670	1 959	2 208	928	1 087	1 199	1 319
38	3 316	4 696	5 897	6 439	2 767	3 956	4 936	5 495	2 799	3 794	4 335	4 334	3 076	3716	4 333	4 730	1 925	2 318	2 538	2 704
39	2 130	2 353	2 686	2 963	1 988	2 232	2 537	2 865	1 798	1 946	2 094	2 231	2 156	2 386	2 698	2 953	1 466	1 626	1 772	1 948
40	496	548	625	690	463	519	590	667	419	453	487	519	502	555	628	687	341	378	412	453
41	6 437	7 681	9 543	11 658	5 678	6 795	8 378	10 447	5 396	6 238	7 058	7 894	6 339	7 240	8 568	9 967	4 323	4 950	5 499	6 204
42	8 853	11 579	14 196	15 585	7 419	9 776	11 891	13 270	7 549	9 558	10 771	11 082	8 519	10 230	11 979	13 114	5 374	6 466	7 095	7 547
43	11 712	14 749	18 025	20 352	10 006	12 675	15 331	17 568	10 144	12 435	14 105	15 090	11 637	14 156	16 567	18 293	7 546	9 186	10 175	10 998
44	2 827	3 123	3 565	3 932	2 638	2 962	3 367	3 802	2 386	2 583	2 779	2 961	2 861	3 167	3 580	3 918	1 946	2 157	2 352	2 585
45	11 549	14 702	18 057	20 422	9 787	12 535	15 238	17 482	10 026	12 413	14 134	15 126	11 458	14 050	16 488	18 218	7 397	9 080	10 071	10 871
46	6 429	7 950	9 567	10 548	5 403	6 723	8 017	8 965	5 519	6 668	7 437	7 813	6 334	7 578	8 898	9 757	4 016	4 830	5 307	5 639
47	2 964	2 938	3 029	3 107	2 711	2 708	2 795	2 947	2 653	2 632	2 593	2 622	2 954	2 906	2 991	3 069	2 168	2 231	2 284	2 442
48	20 030	25 806	31 838	35 959	16 733	21 705	26 517	30 358	17 416	21 814	24 906	26 590	19 798	24 488	28 862	31 886	12 655	15 692	17 415	18 710
49	14 222	16 232	18 994	21 059	12 619	14 425	16 781	19 039	13 981	14 256	15 256	16 117	14 013	15 848	18 655	20 750	9 598	10 953	12 179	13 337

5.6.4　不同方案下二级分区中 COD 污染负荷排放

　　为了有一个更直观的印象,对方案一和方案五中县(市)分区各代表年单位面积 COD 排放量分别展示于图 5-4。

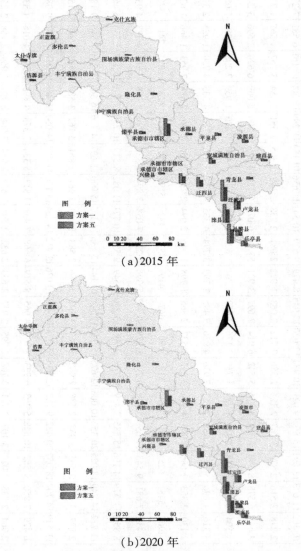

(a)2015 年

(b)2020 年

图 5-4　不同方案下典型代表年各县(市)单位面积 COD 排放量比较

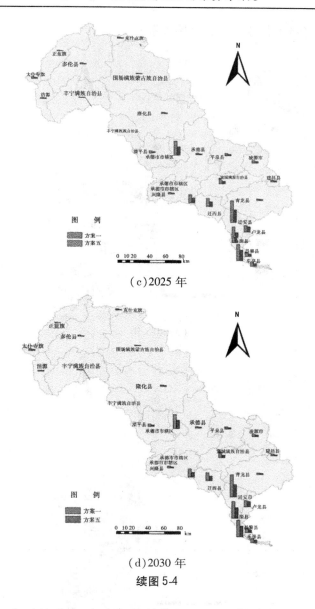

（c）2025 年

（d）2030 年

续图 5-4

从图 5-4 中可以看出，方案五的单位面积 COD 排放量明显小于方案一，同时我们也发现，无论哪种方案 COD 的排放都存在空间差异，下游的单位面积排放量明显高于上游，各方案中的单位面积用水量也呈现出下游用水量高于上游用水量的情况（以方案五为例进行空间展示，见图 5-5），这与下游县市工业较发达、经济增长速度快有直接关系。

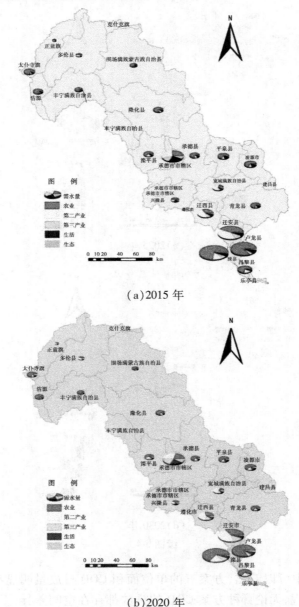

（a）2015 年

（b）2020 年

图 5-5　方案五条件下典型代表年各县（市）单位面积需水量

(c)2025 年

(d)2030 年

续图 5-5

第 6 章　基于水质目标管理的污染负荷削减方案及对策

6.1　滦河流域水质目标确定与水环境容量核算

水环境容量是进行污染物总量控制的重要基础和依据。水环境容量是指水体在设计水文条件和规定的环境目标下的最大允许纳污量,反映了水体水质目标与污染物排放量之间的动态输入响应关系。水环境目标、水体环境特征(如水体稀释自净规律、水量随时间的变化)、污染物质的特性、污染物排放方式是水环境容量的主要影响因素。

6.1.1　水环境容量计算模型

根据流域控制单元划分的实际情况,研究区的水环境容量计算采用的是一维稳态水质模型,对其有重要保护意义的水环境保护功能区等水质横向变化显著的流域则采用二维水质模型计算。

6.1.1.1　一维稳态水质模型

就恒定流动河流而言,一维模型假定污染物浓度仅在河流纵向上发生变化,如果非持久性污染物进入河流后在较短的时间内与河水混合均匀,而且污染物浓度在横向和垂向的污染物浓度梯度可以忽略,则适用于一维水质模型,其计算公式如下:

$$C = C_0 e^{-kt} = C_0 \exp(-\frac{kx}{86\,400u}) \tag{6-1}$$

式中:C 为预测断面水质浓度,mg/L;k 为削减系数(经验值),与河床性质、混合情况等有关,1/d;t 为流到下一个断面的时间,s;x 为初始断面到预测断面的距离,m;u 为 x 方向流速(表示河流中断面平均流速),m/s。

混合过程段长度计算见下式:

$$L = \frac{(0.4b - 0.6a)Bu}{(0.058H + 0.006\,5B)\sqrt{gHI}} \tag{6-2}$$

式中:L 为混合过程段长度,m;B 为河宽,m;a 为排放口到岸边距离(0 ≤ a ≤

$1/2B)$，m；u 为河水流速，m/s；g 为重力加速度，m/s^2；H 为平均水深，m；I 为河底或地面坡度。

6.1.1.2　二维水质模型

二维水质模型是在平直、断面形状规则混合过程段河流，考虑持久性污染物在水体中的横向扩散和纵向离散连续稳定排放，对于非持久性污染物，需采用相应的衰减模式。描述二维河流浓度变化的公式如下：

$$C(x,y) = \exp\left(-\frac{kx}{86\,400u}\right)\left\{C_h + \frac{C_pQ_p}{H\sqrt{\pi M_yxu}}\right.$$
$$\left.\left[\exp\left(-\frac{uy^2}{4M_yx}\right) + \exp\left(\frac{u(2B-y)^2}{4M_yx}\right)\right]\right\} \tag{6-3}$$

$$M_y = (0.058H + 0.006\,5B)\sqrt{ghI} \tag{6-4}$$

式中：C 为预测断面污染物浓度，mg/L；C_p 为污染物排放浓度，mg/L；Q_p 为废水排放量，m^3/s；H 为水深，m；M_y 为横向混合系数，m^2/s；x 为纵向坐标，m；y 为横向坐标，m；B 为河流宽度，m；C_h 为河流水质背景浓度，mg/L。

在恒定弯曲河流、断面形状不规则河流混合过程段持久性污染物连续稳定排放，采用式(6-5)计算。而对于非持久性污染物，需采用相应的衰减模式。

$$C(x,y) = \exp\left(-\frac{kx}{86\,400u}\right)\left\{C_h + \frac{C_pQ_p}{H\sqrt{\pi M_qx}}\right.$$
$$\left.\left[\exp\left(-\frac{q^2}{4M_qx}\right) + \exp\left(\frac{u(2Q_h-q)^2}{4M_qx}\right)\right]\right\} \tag{6-5}$$

其中　　　　　　　　　$q = Huy；M_q = H^2uM_y$

本书中主要是对水功能区划中的重要支流源头区和保护区上游区的水环境容量根据实际条件采用二维水质模型进行计算。

6.1.1.3　目标函数及约束方程

本次研究不直接考虑治理费用，因此水环境容量计算的目标函数采用简单的线性目标函数：

$$\max\sum_{j=1}^{n}X_j \tag{6-6}$$

约束方程：

$$\sum_{j=1}^{m}a_{ij}X_j \leqslant C_i \quad i = 1,2,\cdots,n \tag{6-7}$$

$$X_j \geqslant 0 \tag{6-8}$$

式中:决策变量 X_j 为第 j 个污染源的排放量; a_{ij} 为第 j 源对第 i 控制点的响应系数,可由水质模拟计算得到; C_i 为控制断面(点) i 的水质控制浓度。

6.1.2　滦河控制因子及水质目标

6.1.2.1　控制因子

通过对滦河流域近年来水质状况的调查分析,选择总氮和 COD 两项指标作为滦河的水污染控制因子。

6.1.2.2　水质目标

水功能区划是指根据流域和区域的水资源条件与水环境状况,结合水资源开发利用现状和经济社会发展对水量水质的需求及水体的自然净化能力,科学合理地在相应水域划定具有特定功能、满足水资源合理开发利用和保护要求并能够发挥最佳效益的区域。

水功能区划分是实施水资源有效保护和科学管理的重要基础性工作,是全面贯彻水法和实施水资源保护措施及监督管理的依据。依照《中华人民共和国水法》和水利部《全国水功能区划技术大纲》,河北省水利厅结合河北省地表水体功能和远期经济社会发展以及水生态环境保护需要,对河北省境内主要河流、水库进行了水功能区划。滦河流域内的水功能区包括承德市、唐山市、秦皇岛市境内滦河的河流、水库的水功能区划。滦河流域内一级水功能区划见表 6-1。

表 6-1　滦河流域一级水功能区划

行政区	河流	水功能区	范围	河道长度(km)/水库面积(km^2)	水质目标	区划依据
承德	滦河	闪电河承德缓冲区	省界—外沟门子	30	Ⅲ	河北—内蒙古
	滦河	闪电河承德保留区	外沟门子—郭家屯	89	Ⅲ	开发利用程度不高
	滦河	滦河承德保留区	郭家屯—三道河子	100	Ⅲ	开发利用程度不高
	滦河	滦河承德开发区	三道河子—乌龙矶	71	Ⅲ	开发利用区

续表 6-1

行政区	河流	水功能区	范围	河道长度（km）/水库面积（km²）	水质目标	区划依据
承德	滦河	滦河承德、唐山缓冲区	乌龙矶—潘家口	11	Ⅲ	重要水功能区紧密连接河段
	小滦河	小滦河承德源头水保护区	沟台子以上	140	Ⅱ	重要支流源头
	兴州河	兴州河承德源头水保护区	窑沟门以上	95	Ⅱ	重要支流源头
	伊逊河	伊逊河承德源头水保护区	庙宫水库以上	96	Ⅱ	重要支流源头
	伊逊河	伊逊河承德源头水保护区	庙宫水库	13	Ⅱ	饮用水源地
	蚂蚂吐河	蚂蚂吐河承德保留区	下河南以上	136	Ⅲ	开发利用程度不高
	武烈河	武烈河承德保留区	高寺台以上	58	Ⅱ	开发利用程度不高
	武烈河	武烈河承德开发利用区	高寺台—承德大桥	10	Ⅲ	开发利用区
	武烈河	武烈河承德开发利用区	承德大桥—雹神庙	12	Ⅳ	开发利用区
	老牛河	老牛河承德开发利用区	源头—下板城	60	Ⅲ	开发利用区
	柳河	柳河承德开发利用区	兴隆—李营	33	Ⅲ	开发利用区
	瀑河	瀑河承德源头水保护区	平泉以上	19	Ⅱ	重要支流源头
	瀑河	瀑河承德开发利用区	平泉—宽城	63	Ⅲ	开发利用区
	瀑河	瀑河承德、唐山缓冲区	宽城—潘家口水库	15	Ⅲ	保护区上游
	洒河	洒河承德、唐山保留区	兴隆—大黑汀水库	60	Ⅲ	保护区上游

续表 6-1

行政区	河流	水功能区	范围	河道长度（km）/水库面积（km²）	水质目标	区划依据
唐山	滦河	滦河唐山开发利用区	大黑汀—滦县	95.5	Ⅲ	开发利用区
	滦河	滦河唐山、秦皇岛开发利用区	滦县—河口	62.5	Ⅱ	开发利用区
	柳河	柳河唐山缓冲区	李营—潘家口水库	33	Ⅲ	保护区上游
	洒河	洒河承德、唐山保留区	兴隆—大黑汀水库	60	Ⅲ	保护区上游
	沙河	沙河唐山开发利用区	源头—入青龙河口	68	Ⅲ	开发利用区
秦皇岛	滦河	滦河唐山、秦皇岛开发利用区	滦县—河口	62.5	Ⅱ	开发利用区
	青龙河	青龙河秦皇岛开发利用区	源头—卢龙	178	Ⅲ	开发利用区
	沙河	沙河秦皇岛饮用水源区	源头—入青龙河口	68	Ⅲ	开发利用区

从表 6-1 可以看出,滦河流域除武烈河承德开发利用区的水质目标为Ⅳ外,其他功能区均为Ⅱ和Ⅲ水质目标,考虑到武烈河承德开发利用区与上下单元的连接和相应单元水质目标的可达性,本研究中将此单元的水质目标设定为Ⅲ类水质。按照国家《地表水环境质量标准》(GB 3838—2002),总氮和 COD 的Ⅱ类水质标准限值分别为 0.5 mg/L 和 15 mg/L,Ⅲ类水质标准限值分别为 1.0 mg/L 和 20 mg/L。

6.1.3　设计水文条件分析

滦河流域各控制断面所辖河段在 25%、50%、75% 保证率下的流量以及30Q10 和汛期及非汛期的平均流量,各河段设计流量如表 6-2 所示。

表 6-2　各控制断面设计流量　　　（单位：m³/s）

控制断面	25% 保证率	50% 保证率	75% 保证率	30Q10	汛期	非汛期
郭家屯	8.21	3.72	2.20	0.27	7.55	3.94
沟台子	3.89	1.81	1.74	0.17	3.92	1.81
围场	1.95	1.7	0.6	0.04	2.4	0.82
下河南	3.56	1.4	0.8	0.24	3.0	1.21
边墙山	1.11	0.74	0.12	0.08	0.88	0.29
窑沟门	5.12	1.41	0.79	0.33	2.96	1.10
承德	3.82	1.71	0.67	0.06	3.34	1.24
下板城	4.24	2.29	0.69	0.25	4.53	1.10
三道河子	10.8	6.88	2.61	0.83	10.1	5.72
宽城	4.01	5.52	1.01	0.39	6.63	1.50
李营	2.33	1.59	0.35	0.31	2.95	0.79
乌龙矶	18.8	12.8	5.45	1.82	2.97	0.58
兴隆	1.16	0.92	0.14	0.04	1.82	0.29
蓝旗营	7.01	4.04	1.03	0.08	7.51	0.63
平泉	0.66	1.48	0.14	0.03	1.23	0.32
滦河大桥	13.1	8.79	3.51	1.13	12.2	6.41
青龙河口	1.74	1.17	0.22	0.05	2.41	0.52

6.1.4　研究区基层控制单元水环境容量的计算

应用一维及二维水质模型,分别计算了枯水期(25% 保证率下的流量)、平水期(50% 保证率下的流量)、丰水期(75% 保证率下的流量)、30Q10、汛期及非汛期六个水文设计条件下的滦河流域各控制单元的水环境容量,如表 6-3、表 6-4 所示。

表 6-3　滦河流域各控制单元水环境容量(总氮)　　　（单位:t/a）

控制断面	25%保证率	50%保证率	75%保证率	30Q10	汛期	非汛期
1	521.10	318.88	251.47	164.74	163.22	218.58
2	627.52	425.30	357.89	271.16	198.69	289.52
3	690.56	488.34	420.93	334.20	219.70	331.67
4	215.46	114.34	80.64	37.27	66.58	79.23
5	643.63	593.94	544.51	475.75	214.46	366.00
6	197.04	95.93	62.23	18.86	60.44	66.95
7	246.66	145.55	111.85	68.48	76.98	100.03
8	309.08	207.97	174.26	130.90	97.78	141.64
9	389.47	375.99	326.56	301.39	135.82	223.70
10	586.20	487.34	460.37	435.21	186.41	318.90
11	493.33	291.10	223.70	136.96	153.96	200.06
12	496.45	297.35	229.94	143.21	156.04	204.22
13	17.23	18.22	60.37	94.70	5.64	37.85
14	119.77	81.13	107.19	114.74	30.64	72.66
15	458.38	265.15	188.74	102.01	142.31	176.76
16	246.66	145.55	111.85	68.48	76.98	100.03
17	283.94	250.68	208.44	244.30	89.40	182.10
18	318.82	236.43	209.46	181.30	100.78	150.63
19	282.37	227.69	140.06	108.68	91.87	49.33
20	358.02	301.09	386.47	189.94	111.85	160.78
21	326.81	263.64	349.03	158.73	101.45	139.98
22	217.58	132.57	78.27	49.51	65.04	67.16
23	0.00	0.00	17.53	113.18	0.00	0.00
24	528.78	362.51	335.54	314.42	48.27	155.12
25	594.44	513.55	437.16	416.93	67.55	202.28
26	607.05	431.79	238.55	159.01	191.86	251.91

续表 6-3

控制断面	25%保证率	50%保证率	75%保证率	30Q10	汛期	非汛期
27	581.66	398.76	369.10	345.86	159.28	255.95
28	0.00	0.00	0.99	63.88	0.00	0.00
29	388.47	366.00	321.06	314.32	139.98	223.03
30	70.60	186.25	126.03	44.70	0.00	0.00
31	253.78	217.83	163.90	164.35	95.08	124.25
32	98.85	260.75	176.44	62.59	0.00	0.00
33	311.51	217.14	95.81	42.55	97.10	107.31
34	255.40	246.41	210.46	207.77	95.62	146.30
35	96.81	93.74	87.60	86.67	101.11	89.44
36	94.45	91.45	85.46	84.56	98.64	87.26
37	580.16	409.99	241.62	140.69	158.23	235.58
38	232.43	209.96	165.03	158.28	87.96	119.00
39	100.61	89.38	66.91	63.54	38.78	49.10
40	58.19	49.55	19.80	18.80	11.47	14.53
41	501.82	367.00	232.18	190.84	174.76	142.81
42	313.58	291.11	113.23	107.53	65.63	83.09
43	144.30	133.07	52.76	50.10	30.58	38.71
44	213.71	191.24	77.20	73.31	44.75	56.65
45	500.82	478.35	180.14	171.07	104.41	132.19
46	255.23	224.96	172.10	172.57	99.83	130.46
47	194.99	172.52	66.91	63.54	38.78	49.10
48	147.43	136.19	52.76	50.10	30.58	38.71
49	151.30	128.83	51.47	48.88	29.83	37.77

表 6-4　滦河流域各控制单元水环境容量（COD）　　　（单位：t/a）

控制断面	25%保证率	50%保证率	75%保证率	30Q10	汛期	非汛期
1	7 354.98	4 658.66	3 759.88	2 603.46	2 311.85	3 185.66
2	9 057.67	6 361.34	5 462.56	4 306.14	2 879.41	4 320.78
3	10 066.29	7 369.96	6 471.19	5 314.76	3 215.62	4 993.20
4	2 955.97	1 607.81	1 158.42	580.21	915.42	1 111.82
5	9 826.62	9 167.52	8 508.41	7 591.66	3 275.54	5712.22
6	2 661.38	1 313.21	863.82	285.61	817.22	915.42
7	3 455.29	2 107.13	1 657.74	1 079.53	1 081.86	1 444.70
8	4 453.93	3 105.77	2 656.38	2 078.17	1 414.74	2 110.46
9	5 991.84	5 812.08	5 152.98	4 817.44	2 077.17	3 515.21
10	8 947.81	7 629.61	7 270.10	6 934.56	2 862.77	5 006.51
11	6 910.59	4 214.26	3 315.49	2 159.06	2 163.72	2 889.40
12	6 960.52	4 264.19	3 365.42	2 208.92	2 180.36	2 922.69
13	419.43	440.40	1 036.59	1511.14	115.98	655.11
14	2 371.77	3 284.57	1 868.46	1 834.90	698.72	1 293.57
15	6 351.35	3 655.02	2 756.25	1 599.82	1 977.31	2 516.57
16	3 455.29	2 107.13	1 657.74	1 079.53	1 081.86	1 444.70
17	5 286.30	4 595.74	3 785.34	3 919.71	1 692.20	3 113.76
18	4 480.90	3 474.27	3 252.57	2 881.68	1 436.11	2 284.22
19	3 601.10	3 124.74	2 025.24	1 671.12	1 193.37	942.72
20	5 272.82	4 014.53	3 235.59	3 031.87	1 657.74	2 476.63
21	4 773.50	3 515.21	4 653.66	2 532.55	1 491.30	2 143.75
22	3 025.88	1 767.59	1 106.91	784.39	912.10	978.67
23	625.67	1 493.55	1 493.54	1 886.11	427.21	962.06
24	7 849.31	5 632.33	5 212.82	4 991.20	732.34	2 423.37
25	9 007.73	7 929.20	6 910.59	6 640.96	1 020.83	3 177.89
26	8 418.54	6 081.72	3 505.27	2 444.67	2 666.37	3 575.13

续表6-4

控制断面	25%保证率	50%保证率	75%保证率	30Q10	汛期	非汛期
27	8 634.24	6 195.56	5 043.13	5 490.32	2 416.71	3 998.55
28	0.00	0.00	0.00	1 111.99	0.00	0.00
29	6 011.81	5 712.22	5 113.04	5 023.16	2 143.75	3 528.53
30	5 304.78	3 794.83	2 009.26	7 71.35	106.52	260.98
31	3 784.85	3 305.50	2 586.48	2 592.47	1 401.42	1 924.05
32	7 426.69	5 312.76	2 812.97	1 079.89	149.13	365.37
33	4 199.28	2 940.99	1 323.20	613.17	1 309.88	1 461.34
34	3 954.61	3 834.78	3 355.43	3 319.48	1 458.01	2 316.84
35	1 590.68	1 529.27	1 406.43	1 388.01	1 676.67	1 443.28
36	1 551.89	1 491.97	1 372.13	1 354.16	1 635.77	1 408.08
37	8 688.17	6 291.43	3 535.19	2 151.07	2 576.49	3 435.32
38	3 515.62	3 215.62	2 616.44	2 526.56	1 311.55	1 864.13
39	1 507.95	1 358.15	1 058.56	1 013.62	572.55	765.62
40	852.69	401.82	313.18	299.89	169.39	226.52
41	7 190.21	5 392.66	3 595.10	3 043.86	2 496.60	2 223.62
42	4 813.45	1 717.66	1 791.41	1 715.36	968.94	1 295.67
43	2 206.99	1 070.85	834.63	799.20	451.44	603.67
44	3 215.62	1 567.10	1 221.41	1 169.56	660.64	883.41
45	7 809.37	3 656.56	2 849.97	2 728.98	1 541.49	2 061.30
46	3 851.60	3 470.77	2 715.80	2 722.09	1 471.50	2 020.25
47	2 916.03	1 358.15	1 058.56	1 013.62	572.55	765.62
48	2 256.93	1 070.85	834.63	799.20	451.44	603.67
49	2 216.98	1 044.73	814.28	779.71	440.43	588.94

　　由表6-3、表6-4的计算结果可知,研究区丰水年总氮和COD的水环境容量分别为14 741.26 t/a和237 082.90 t/a,平水年总氮和COD的水环境容量分别为11 841.56 t/a和174 461.78 t/a,枯水年总氮和COD的水环境容量分

别为 9 241.93 t/a 和 140 404.19 t/a。30Q10 条件下总氮和 COD 的水环境容量分别为 7 560.56 t/a 和 126 363.78 t/a。由此可见,丰、平、枯保证率下,丰水年的水环境容量最大,平水年次之,而枯水年最小。滦河流域的水环境容量不仅存在时间上的变化,空间上也同样存在差异。从表 6-3 和表 6-4 可以看出,无论是总氮还是 COD,都普遍存在着上游水环境容量大于下游的现象,这主要是由于上游以畜牧业为主,人口密度较大,河流水质相对较好。而下游多分布城市和县城,点源影响较大,而且潘家口水库以下河段受水库调度影响,流量不及上游,故水环境容量小于上游。

6.2　滦河流域总氮污染负荷削减分配方案的制订

本书借鉴 TMDL 计划在污染负荷分配的时候设置了安全余量(MOS),以考虑最大允许污染负荷的不确定性,总氮削减采用一般等比例污染负荷分配方法,依据人畜排泄、土地利用、化肥施用量、大气沉降、点源五种污染源在各级控制单元中进行分配。以此完成研究区分区(控制单元)、分期(丰水期、平水期、枯水期)、分类(点源和非点源)和分级(不同水质目标)的总量分配。

根据前文计算的水环境容量及应用 SPARROW 模型计算得到的总氮污染负荷进行污染负荷削减计算。得到的结果如表 6-5 ~ 表 6-10 所示。

以表 6-5 为例进行分析,在丰水年有些控制单元,如单元 23 和 28 的水环境容量为 0,这说明这两个控制单元现状已无纳污能力。而单元 26 的情况则与前述两个控制单元的情况不同,该单元在这个水文保证率下,需要削减的比例较小。这是在同一保证率下各单元削减量之间存在的差异。

而不同保证率之间也存在一定的差异。如在 25% 水文保证率下已无剩余水环境容量的单元 23 和 28 在 30Q10 情境下出现了一定的水环境容量。而单元 26 在该保证率下则是需要对污染物进行大幅度削减的。这主要是由于流量不同进而影响到水环境容量和污染物产生量。

表 6-5　25% 水文保证率总氮污染负荷削减情况　　　　(单位:t/a)

控制单元	P = 25%	MOS	土地利用削减量	人畜排泄削减量	化肥施用量削减量	大气沉降削减量	点源削减量	削减率(%)
1	468.99	52.11	2 420.63	573.23	132.60	258.51	—	87.83
2	564.77	62.75	869.21	542.87	5.98	199.62	—	74.14
3	621.50	69.06	12 311.61	958.14	442.62	483.09	—	95.81

续表 6-5

控制单元	$P = 25\%$	MOS	土地利用削减量	人畜排泄削减量	化肥施用量削减量	大气沉降削减量	点源削减量	削减率（%）
4	193.91	21.55	972.12	118.48	44.77	37.02	—	85.84
5	579.27	64.36	1 962.62	1 617.90	125.45	423.66	—	87.71
6	177.34	19.70	402.74	29.92	12.40	9.35	—	72.12
7	222.00	24.67	3 494.93	957.00	422.13	292.58	—	95.89
8	278.17	30.91	1 881.56	1 374.98	62.80	391.61	—	93.04
9	350.52	38.95	2 349.25	1 089.05	477.53	311.63	0.53	92.36
10	527.58	58.62	2 745.82	2 577.05	467.52	527.67	—	92.30
11	444.00	49.33	10 587.94	1 216.10	806.67	290.48	—	96.68
12	446.80	49.64	4 699.64	529.00	395.06	139.20	—	92.82
13	15.50	1.72	3 417.66	465.20	471.39	133.11	—	99.66
14	107.80	11.98	8 802.74	2 399.04	2 198.03	398.56	—	99.23
15	412.54	45.84	257.12	222.10	6.73	58.70	—	57.28
16	222.00	24.67	631.34	789.91	44.30	168.32	—	88.13
17	255.54	28.39	2 911.59	2 435.08	1 087.05	371.16	—	96.39
18	286.93	31.88	2 171.07	982.11	1 081.46	141.17	—	93.87
19	254.13	28.24	2 472.12	738.19	884.45	119.77	28.05	94.37
20	322.22	35.80	2 300.65	754.15	1 215.14	116.13	—	93.18
21	294.12	32.68	2 147.00	1 212.24	1 703.10	164.02	—	94.69
22	195.82	21.76	2 171.21	374.95	404.72	55.13	—	93.92
23	0.00	0.00	1 540.95	758.84	829.34	108.14	71.30	100.00
24	475.90	52.88	4 599.50	1 686.03	2 360.90	385.82	39.63	95.03
25	535.00	59.44	5 241.18	2 677.86	4 654.20	381.56	—	96.04
26	546.34	60.70	144.75	116.07	68.58	20.39	2.92	39.93
27	523.49	58.17	11 006.69	2 123.46	4 120.05	443.11	268.98	97.17
28	0.00	0.00	1 575.21	1 036.40	673.92	169.48	176.60	100.00

续表 6-5

控制单元	$P=25\%$	MOS	土地利用削减量	人畜排泄削减量	化肥施用量削减量	大气沉降削减量	点源削减量	削减率（%）
29	349.62	38.85	11 250.49	1 886.18	4 297.91	418.48	—	98.08
30	63.54	7.06	143.18	155.01	83.98	21.63	—	94.38
31	228.40	25.38	1 043.80	1 107.81	799.71	150.26	—	93.20
32	88.96	9.88	152.78	69.46	112.06	9.39	—	80.60
33	280.36	31.15	662.63	584.78	545.54	80.67	83.21	87.63
34	229.86	25.54	3 144.35	1 104.74	3 910.10	267.94	287.18	97.44
35	87.13	9.68	1 584.42	626.87	921.49	131.54	—	97.43
36	85.00	9.44	1 266.59	427.40	656.55	103.99	—	96.70
37	522.14	58.02	553.81	116.51	470.49	34.60	—	69.70
38	209.19	23.24	261.98	398.20	140.30	62.21	—	81.03
39	90.55	10.06	1 529.53	604.41	945.66	122.85	—	97.28
40	52.37	5.82	443.62	134.83	250.79	27.77	—	94.47
41	451.64	50.18	2 430.32	951.30	3 398.41	238.37	—	93.99
42	282.22	31.36	3 072.55	1 217.56	2 668.90	157.08	—	96.21
43	129.87	14.43	4 075.89	2 097.05	2 321.56	221.10	—	98.54
44	192.34	21.37	2 138.42	780.50	1 438.42	160.81	—	95.95
45	450.74	50.08	4 790.29	1 684.20	1 998.21	171.63	—	95.07
46	229.71	25.52	1 566.39	1 185.76	2 550.39	94.54	—	95.95
47	175.49	19.50	4 540.56	1 380.25	858.37	50.06	—	97.51
48	132.68	14.74	9 880.17	3 609.19	3 923.10	199.56	—	99.25
49	136.17	15.13	16 593.65	7 040.95	4 562.48	199.10	—	99.52

表6-6　50%水文保证率总氮污染负荷削减情况　　（单位：t/a）

控制单元	$P=50\%$	MOS	土地利用削减量	人畜排泄削减量	化肥施用量削减量	大气沉降削减量	点源削减量	削减率（%）
1	286.99	31.89	1 860.15	593.10	137.20	267.47	—	90.88
2	382.77	42.53	679.30	582.04	6.42	214.02	—	79.49
3	439.50	48.83	9 333.77	962.41	444.60	485.24	—	96.23
4	102.91	11.43	774.48	125.01	47.24	39.06	—	90.58
5	534.55	59.39	1 434.93	1 605.53	124.49	420.42	—	87.04
6	86.34	9.59	350.10	34.33	14.23	10.73	—	82.76
7	131.00	14.56	2 643.86	968.84	427.36	296.20	—	97.07
8	187.17	20.80	1 397.38	1 397.71	63.84	398.08	—	94.58
9	338.39	37.60	1 755.63	1 078.47	472.89	308.61	0.53	91.46
10	438.60	48.73	2 077.80	2 591.78	470.19	530.69	—	92.83
11	261.99	29.11	8 086.90	1 227.10	813.97	293.11	—	97.55
12	267.61	29.73	3 624.73	539.36	402.80	141.92	—	94.63
13	16.39	1.82	2 594.80	464.73	470.92	132.98	—	99.56
14	73.01	8.11	6 701.72	2 402.80	2 201.47	399.18	—	99.38
15	238.64	26.52	238.34	278.67	8.45	73.65	—	71.88
16	131.00	14.56	506.31	827.33	46.40	176.29	—	92.30
17	225.62	25.07	2 221.97	2 436.69	1 087.77	371.40	—	96.45
18	212.78	23.64	1 673.71	992.37	1 092.76	142.65	—	94.85
19	204.92	22.77	1 886.66	740.98	887.80	120.22	28.16	94.73
20	270.98	30.11	1 757.87	756.33	1 218.66	116.46	—	93.45
21	237.28	26.36	1 648.10	1 219.49	1 713.28	165.00	—	95.26
22	119.31	13.26	1 679.08	381.36	411.64	56.07	—	95.53
23	0.00	0.00	1 155.03	758.84	829.34	108.14	71.30	100.00
24	326.26	36.25	3 539.40	1 705.45	2 388.09	390.26	40.08	96.12
25	462.20	51.36	3 991.68	2 682.66	4 662.53	382.25	—	96.21

续表 6-6

控制单元	$P=50\%$	MOS	土地利用削减量	人畜排泄削减量	化肥施用量削减量	大气沉降削减量	点源削减量	削减率（%）
26	388.61	43.18	145.12	153.30	90.58	26.93	3.85	52.73
27	358.88	39.88	8 410.37	2 135.59	4 143.59	445.64	270.51	97.73
28	0.00	0.00	1 183.83	1 036.40	673.92	169.48	176.60	100.00
29	329.40	36.60	8 520.94	1 882.11	4 288.62	417.58	—	97.87
30	167.62	18.62	94.40	138.99	75.29	19.39	—	84.62
31	196.05	21.78	799.16	1 113.28	803.66	151.00	—	93.66
32	234.67	26.07	62.41	37.25	60.09	5.04	—	43.22
33	195.43	21.71	522.81	604.84	564.25	83.44	86.06	90.63
34	221.77	24.64	2 397.16	1 103.16	3 904.50	267.56	286.77	97.30
35	84.36	9.37	1 200.96	625.31	919.19	131.21	—	97.18
36	82.31	9.15	958.87	425.90	654.23	103.63	—	96.36
37	368.99	41.00	460.06	126.96	512.69	37.71	—	75.95
38	188.97	21.00	199.89	400.78	141.21	62.62	—	81.55
39	80.44	8.94	1 159.01	604.36	945.59	122.84	—	97.27
40	44.59	4.95	337.26	135.09	251.28	27.82	—	94.65
41	330.30	36.70	1 882.37	963.73	3 442.81	241.48	—	95.21
42	261.99	29.11	2 331.19	1 215.87	2 665.21	156.86	—	96.07
43	119.76	13.31	3 087.10	2 095.83	2 320.20	220.97	—	98.48
44	172.12	19.12	1 622.68	780.21	1 437.88	160.75	—	95.92
45	430.52	47.84	3 610.98	1 675.26	1 987.60	170.72	—	94.56
46	202.46	22.50	1 182.34	1 188.32	2 555.91	94.75	—	96.16
47	155.26	17.25	3 441.63	1 378.41	857.22	50.00	—	97.38
48	122.57	13.62	7 487.97	3 607.34	3 921.09	199.46	—	99.20
49	115.94	12.88	12 594.98	7 041.26	4 562.68	199.11	—	99.53

表 6-7　75% 水文保证率总氮污染负荷削减情况　　（单位：t/a）

控制单元	$P=75\%$	MOS	土地利用削减量	人畜排泄削减量	化肥施用量削减量	大气沉降削减量	点源削减量	削减率（%）
1	226.32	25.15	827.16	579.87	134.14	261.51	—	88.85
2	322.10	35.79	279.61	560.90	6.18	206.25	—	76.60
3	378.83	42.09	4 241.95	941.57	434.97	474.73	—	94.15
4	72.58	8.06	351.83	122.23	46.19	38.19	—	88.56
5	490.06	54.45	601.53	1 560.92	121.03	408.74	—	84.62
6	56.01	6.22	157.62	33.05	13.70	10.33	—	79.67
7	100.66	11.18	1 197.46	964.46	425.43	294.86	—	96.63
8	156.84	17.43	595.82	1 388.98	63.44	395.59	—	93.99
9	293.90	32.66	771.01	1 059.71	464.67	303.24	0.52	89.87
10	414.34	46.04	887.39	2 553.43	463.23	522.84	—	91.46
11	201.33	22.37	3 745.64	1 217.55	807.63	290.83	—	96.79
12	206.94	22.99	1 659.63	529.85	395.70	139.42	—	92.97
13	54.33	6.04	1 180.79	455.76	461.82	130.41	—	97.63
14	96.47	10.72	3 084.97	2 389.22	2 189.03	396.92	—	98.82
15	169.87	18.87	104.77	287.64	8.72	76.02	—	74.19
16	100.66	11.18	213.58	831.12	46.61	177.10	—	92.73
17	187.60	20.84	987.60	2 433.05	1 086.14	370.85	—	96.31
18	188.52	20.95	760.03	984.13	1 083.69	141.46	—	94.06
19	126.05	14.01	877.79	747.18	895.23	121.23	28.39	95.52
20	347.83	38.65	770.43	719.23	1 158.89	110.75	—	88.87
21	314.12	34.90	726.47	1 181.16	1 659.43	159.81	—	92.26
22	70.44	7.83	786.63	382.96	413.37	56.31	—	95.93
23	0.00	0.00	535.45	758.84	829.34	108.14	71.30	100.00
24	301.99	33.55	1 594.17	1 690.58	2 367.27	386.86	39.73	95.28
25	393.44	43.72	1 816.98	2 677.97	4 654.39	381.58	—	96.05

续表 6-7

控制单元	$P=75\%$	MOS	土地利用削减量	人畜排泄削减量	化肥施用量削减量	大气沉降削减量	点源削减量	削减率（％）
26	214.70	23.86	82.96	197.43	116.66	34.68	4.96	67.91
27	332.19	36.91	3 870.71	2 120.29	4 113.91	442.45	268.58	97.03
28	0.00	0.00	538.73	1 036.40	673.92	169.48	176.60	100.00
29	288.96	32.11	3 931.17	1 871.61	4 264.70	415.25	—	97.32
30	113.43	12.60	44.38	146.13	79.16	20.39	—	88.97
31	147.51	16.39	354.61	1 121.58	809.65	152.13	—	94.36
32	158.80	17.64	34.82	45.34	73.15	6.13	—	52.61
33	86.23	9.58	244.11	634.77	592.17	87.57	90.32	95.12
34	189.42	21.05	1 084.07	1 102.49	3 902.12	267.40	286.59	97.24
35	78.84	8.76	541.03	621.56	913.68	130.43	—	96.60
36	76.91	8.55	430.82	422.18	648.52	102.72	—	95.52
37	217.46	24.16	227.52	137.02	553.33	40.70	—	81.97
38	148.52	16.50	88.78	409.05	144.12	63.91	—	83.24
39	60.22	6.69	526.81	605.03	946.64	122.98	—	97.38
40	17.82	1.98	158.74	138.76	258.09	28.58	—	97.22
41	208.97	23.22	857.05	975.79	3 485.89	244.50	—	96.40
42	101.91	11.32	1 096.56	1 241.52	2 721.43	160.17	—	98.10
43	47.48	5.28	1 438.45	2 111.85	2 337.94	222.66	—	99.23
44	69.48	7.72	758.88	796.29	1 467.51	164.07	—	97.89
45	162.13	18.01	1 727.30	1 722.70	2 043.89	175.56	—	97.24
46	154.89	17.21	553.16	1 194.30	2 568.77	95.22	—	96.64
47	60.22	6.69	1 639.86	1 394.48	867.22	50.58	—	98.52
48	47.48	5.28	3 528.99	3 621.14	3 936.09	200.22	—	99.58
49	46.32	5.15	5 943.91	7 056.32	4 572.43	199.53	—	99.74

表 6-8 30Q10 条件下总氮污染负荷削减情况 （单位:t/a）

控制单元	30Q10	MOS	土地利用削减量	人畜排泄削减量	化肥施用量削减量	大气沉降削减量	点源削减量	削减率（％）
1	148.26	16.47	334.86	586.87	135.76	264.66	—	89.92
2	244.04	27.12	115.23	577.86	6.37	212.49	—	78.92
3	300.78	33.42	1 658.50	920.33	425.15	464.02	—	92.03
4	33.55	3.73	145.45	126.33	47.74	39.47	—	91.53
5	428.18	47.58	240.23	1 558.44	120.84	408.09	—	84.49
6	16.98	1.89	70.57	37.00	15.34	11.56	—	89.17
7	61.63	6.85	482.07	970.68	428.17	296.76	—	97.26
8	117.81	13.09	240.17	1 399.69	63.93	398.65	—	94.71
9	271.25	30.14	304.16	1 045.13	458.27	299.07	0.51	88.63
10	391.69	43.52	352.49	2 535.71	460.02	519.21	—	90.82
11	123.27	13.70	1 499.64	1 218.68	808.38	291.10	—	96.88
12	128.88	14.32	664.89	530.69	396.32	139.64	—	93.11
13	85.23	9.47	457.50	441.47	447.34	126.32	—	94.57
14	103.27	11.47	1 228.26	2 378.12	2 178.86	395.08	—	98.36
15	91.81	10.20	47.44	325.64	9.87	86.06	—	83.99
16	61.63	6.85	87.58	851.97	47.78	181.54	—	95.05
17	219.87	24.43	389.99	2 401.94	1 072.25	366.11	—	95.08
18	163.17	18.13	303.60	982.80	1 082.21	141.27	—	93.93
19	97.81	10.87	351.69	748.41	896.70	121.43	28.44	95.68
20	170.95	18.99	324.01	756.20	1 218.45	116.45	—	93.44
21	142.86	15.87	302.41	1 229.23	1 726.96	166.31	—	96.02
22	44.56	4.95	316.20	384.85	415.41	56.59	—	96.40
23	101.86	11.32	203.30	720.28	787.20	102.64	67.67	94.92
24	282.98	31.44	634.16	1 681.27	2 354.24	384.73	39.51	94.76
25	375.24	41.69	724.50	2 669.53	4 639.72	380.38	—	95.74

续表6-8

控制单元	30Q10	MOS	土地利用削减量	人畜排泄削减量	化肥施用量削减量	大气沉降削减量	点源削减量	削减率（%）
26	143.11	15.90	37.13	220.89	130.52	38.80	5.55	75.98
27	311.28	34.59	1 539.15	2 107.79	4 089.65	439.84	266.99	96.45
28	57.50	6.39	210.11	1 010.50	657.07	165.24	172.19	97.50
29	282.89	31.43	1 561.13	1 858.11	4 233.95	412.26	—	96.62
30	40.23	4.47	19.15	157.63	85.39	22.00	—	95.97
31	147.92	16.44	141.02	1 115.05	804.94	151.24	—	93.81
32	56.33	6.26	21.43	69.75	112.53	9.43	—	80.93
33	38.30	4.26	100.22	651.49	607.77	89.88	92.70	97.62
34	186.99	20.78	432.48	1 099.56	3 891.74	266.69	285.83	96.98
35	78.01	8.67	215.22	618.12	908.63	129.70	—	96.07
36	76.10	8.46	170.92	418.72	643.20	101.88	—	94.73
37	126.62	14.07	97.50	146.80	592.81	43.60	—	87.82
38	142.46	15.83	35.27	406.26	143.14	63.47	—	82.67
39	57.18	6.35	210.13	603.31	943.95	122.63	—	97.10
40	16.92	1.88	63.27	138.28	257.20	28.48	—	96.88
41	171.76	19.08	344.04	979.24	3 498.25	245.37	—	96.75
42	96.77	10.75	437.90	1 239.47	2 716.93	159.90	—	97.94
43	45.09	5.01	574.92	2 110.15	2 336.06	222.48	—	99.15
44	65.98	7.33	302.86	794.49	1 464.18	163.69	—	97.67
45	153.96	17.11	687.78	1 714.88	2 034.61	174.76	—	96.80
46	155.31	17.26	220.62	1 190.84	2 561.32	94.95	—	96.36
47	57.18	6.35	653.38	1 389.03	863.83	50.38	—	98.13
48	45.09	5.01	1 410.61	3 618.59	3 933.32	200.08	—	99.51
49	43.99	4.89	2 376.41	7 052.88	4 570.21	199.43	—	99.69

表6-9　汛期总氮污染负荷削减情况 　（单位：t/a）

控制单元	汛期	MOS	土地利用削减量	人畜排泄削减量	化肥施用量削减量	大气沉降削减量	点源削减量	削减率（%）
1	146.89	16.32	2 174.87	572.26	132.38	258.07	—	87.68
2	178.82	19.87	781.00	541.98	5.97	199.29	—	74.02
3	197.73	21.97	11 058.48	956.24	441.74	482.13	—	95.62
4	59.92	6.66	872.92	118.21	44.67	36.93	—	85.65
5	193.01	21.45	1 753.84	1 606.43	124.56	420.65	—	87.09
6	54.39	6.04	359.76	29.70	12.31	9.28	—	71.58
7	69.28	7.70	3 144.70	956.78	422.04	292.51	—	95.86
8	88.01	9.78	1 693.17	1 374.79	62.79	391.56	—	93.03
9	122.23	13.58	2 095.10	1 079.15	473.19	308.80	0.53	91.52
10	167.77	18.64	2 471.49	2 577.30	467.56	527.73	—	92.31
11	138.56	15.40	9 522.33	1 215.23	806.10	290.27	—	96.61
12	140.43	15.60	4 220.31	527.83	394.19	138.89	—	92.61
13	5.08	0.56	3 075.19	465.10	471.29	133.08	—	99.63
14	27.57	3.06	7 933.57	2 402.41	2 201.11	399.12	—	99.36
15	128.08	14.23	232.63	223.27	6.77	59.00	—	57.59
16	69.28	7.70	569.57	791.79	44.40	168.72	—	88.34
17	80.46	8.94	2 621.49	2 436.07	1 087.49	371.31	—	96.43
18	90.70	10.08	1 953.75	982.00	1 081.34	141.16	—	93.86
19	82.69	9.19	2 219.48	736.39	882.30	119.48	27.98	94.14
20	100.66	11.18	2 071.60	754.52	1 215.74	116.19	—	93.23
21	91.30	10.14	1 935.02	1 213.95	1 705.50	164.25	—	94.82
22	58.53	6.50	1 957.48	375.60	405.42	55.23	—	94.09
23	0.00	0.00	1 386.86	758.84	829.34	108.14	71.30	100.00
24	43.44	4.83	4 293.52	1 748.74	2 448.71	400.17	41.10	98.56
25	60.79	6.75	4 842.30	2 748.95	4 777.76	391.69	—	98.59

续表 6-9

控制单元	汛期	MOS	土地利用削减量	人畜排泄削减量	化肥施用量削减量	大气沉降削减量	点源削减量	削减率（%）
26	172.68	19.19	126.78	112.96	66.74	19.84	2.84	38.85
27	143.35	15.93	9 941.65	2 131.10	4 134.87	444.70	269.94	97.52
28	0.00	0.00	1 417.69	1 036.40	673.92	169.48	176.60	100.00
29	125.98	14.00	10 094.65	1 880.45	4 284.84	417.21	—	97.78
30	0.00	0.00	136.54	164.25	88.98	22.92	—	100.00
31	85.57	9.51	927.50	1 093.75	789.56	148.36	—	92.02
32	0.00	0.00	170.61	86.18	139.05	11.65	—	100.00
33	87.39	9.71	597.87	586.25	546.91	80.88	83.42	87.85
34	86.06	9.56	2 817.30	1 099.82	3 892.66	266.75	285.90	97.01
35	91.00	10.11	1 338.31	588.33	864.84	123.45	—	91.44
36	88.78	9.86	1 048.44	393.10	603.85	95.65	—	88.94
37	142.41	15.82	524.96	122.71	495.54	36.45	—	73.41
38	79.17	8.80	224.04	378.37	133.31	59.11	—	76.99
39	34.90	3.88	1 367.78	600.55	939.62	122.07	—	96.66
40	10.33	1.15	407.41	137.59	255.91	28.33	—	96.40
41	157.29	17.48	2 174.95	945.93	3 379.23	237.02	—	93.45
42	59.07	6.56	2 802.38	1 233.89	2 704.69	159.18	—	97.50
43	27.52	3.06	3 686.24	2 107.31	2 332.91	222.18	—	99.02
44	40.27	4.47	1 951.72	791.52	1 458.71	163.08	—	97.31
45	93.97	10.44	4 386.11	1 713.44	2 032.91	174.61	—	96.72
46	89.85	9.98	1 396.75	1 174.82	2 526.88	93.67	—	95.06
47	34.90	3.88	4 123.70	1 392.81	866.18	50.52	—	98.40
48	27.52	3.06	8 914.80	3 618.39	3 933.10	200.07	—	99.51
49	26.85	2.98	14 960.79	7 053.45	4 570.57	199.45	—	99.70

表 6-10　非汛期总氮污染负荷削减情况　　（单位:t/a）

控制单元	非汛期	MOS	土地利用削减量	人畜排泄削减量	化肥施用量削减量	大气沉降削减量	点源削减量	削减率（%）
1	196.72	21.86	1 460.86	582.23	134.68	262.57	—	89.21
2	260.57	28.95	525.85	563.20	6.21	207.10	—	76.92
3	298.50	33.17	7 402.05	954.04	440.73	481.02	—	95.40
4	71.30	7.92	604.27	121.92	46.07	38.09	—	88.34
5	329.40	36.60	1 146.92	1 604.10	124.38	420.04	—	86.96
6	60.26	6.70	263.84	32.35	13.41	10.11	—	77.96
7	90.03	10.00	2 103.87	963.70	425.09	294.63	—	96.56
8	127.48	14.16	1 110.20	1 388.08	63.40	395.34	—	93.93
9	201.33	22.37	1 405.73	1 079.41	473.31	308.88	0.53	91.54
10	287.01	31.89	1 654.42	2 579.59	467.98	528.20	—	92.39
11	180.05	20.01	6 433.53	1 220.27	809.44	291.48	—	97.01
12	183.80	20.42	2 863.51	532.61	397.76	140.15	—	93.45
13	34.06	3.78	2 051.36	459.25	465.37	131.41	—	98.38
14	65.39	7.27	5 344.04	2 395.03	2 194.35	397.89	—	99.06
15	159.08	17.68	182.77	267.12	8.10	70.59	—	68.90
16	90.03	10.00	401.23	819.53	45.96	174.63	—	91.43
17	163.89	18.21	1 765.93	2 420.72	1 080.64	368.97	—	95.82
18	135.57	15.06	1 335.34	989.68	1 089.80	142.26	—	94.59
19	44.40	4.93	1 562.75	767.20	919.22	124.48	29.15	98.08
20	144.70	16.08	1 417.55	762.38	1 228.41	117.40	—	94.20
21	125.98	14.00	1 327.70	1 228.02	1 725.27	166.15	—	95.92
22	60.44	6.72	1 350.59	383.44	413.88	56.38	—	96.05
23	0.00	0.00	924.02	758.84	829.34	108.14	71.30	100.00
24	139.61	15.51	2 865.15	1 725.70	2 416.45	394.90	40.56	97.26
25	182.05	20.23	3 239.18	2 721.16	4 729.46	387.73	—	97.59

续表 6-10

控制单元	非汛期	MOS	土地利用削减量	人畜排泄削减量	化肥施用量削减量	大气沉降削减量	点源削减量	削减率（%）
26	226.72	25.19	119.14	157.31	92.95	27.63	3.95	54.11
27	230.36	25.60	6 715.36	2 131.49	4 135.62	444.78	269.99	97.54
28	0.00	0.00	947.07	1 036.40	673.92	169.48	176.60	100.00
29	200.73	22.30	6 811.97	1 880.79	4 285.62	417.29	—	97.80
30	0.00	0.00	89.24	164.25	88.98	22.92		100.00
31	111.83	12.43	642.99	1 119.66	808.26	151.87		94.20
32	0.00	0.00	115.52	86.18	139.05	11.65	—	100.00
33	96.58	10.73	426.98	617.46	576.03	85.18	87.86	92.53
34	131.67	14.63	1 920.31	1 104.64	3 909.74	267.92	287.15	97.43
35	80.49	8.94	944.62	614.79	903.74	129.01		95.55
36	78.53	8.73	749.78	416.28	639.46	101.29	—	94.18
37	212.02	23.56	372.60	128.53	519.03	38.17	—	76.89
38	107.10	11.90	162.48	407.21	143.47	63.62		82.86
39	44.19	4.91	929.56	605.89	947.98	123.15		97.52
40	13.07	1.45	277.32	138.85	258.27	28.60	—	97.29
41	128.52	14.28	1 534.44	981.99	3 508.05	246.06	—	97.02
42	74.78	8.31	1 905.75	1 242.47	2 723.50	160.29	—	98.17
43	34.84	3.87	2 489.60	2 112.74	2 338.92	222.75	—	99.28
44	50.99	5.67	1 326.39	797.19	1 469.18	164.25	—	98.00
45	118.97	13.22	2 978.21	1 727.11	2 049.13	176.01	—	97.49
46	117.42	13.05	948.86	1 192.07	2 563.98	95.05	—	96.46
47	44.19	4.91	2 791.13	1 397.35	869.00	50.68	—	98.72
48	34.84	3.87	6 015.66	3 622.57	3 937.64	200.30	—	99.62
49	33.99	3.78	10 100.29	7 058.25	4 573.68	199.59	—	99.77

从表 6-5 ~ 表 6-10 中可以看出,各种保证率和不同时期下,滦河流域各控制单元总氮的削减率均需要达到 50% 以上才能满足水环境容量的要求,绝大部分控制单元削减率达 70% 以上。因此,需要采取一定措施来削减污染物的量,使水质满足水能区划的要求。

6.3　滦河流域 COD 污染负荷削减分配方案的制订

在 75% 水文保证率下,在设定 10% 的安全余量的情况下,按照第 5 章所计算的常规方案、节水方案、治污方案、产业结构调整方案和综合方案的 COD 排放量,提出五种方案下 2011 ~ 2030 年各级控制单元的 COD 削减量。方案一 ~ 方案五分别对应上述五种方案。

6.3.1　基于基层控制单元的 COD 污染负荷削减方案

根据各子单元不同方案各年的污染物产生量,对 COD 污染负荷进行削减。其结果分述如表 6-11 ~ 表 6-15 所示。

污染负荷削减中正值说明污染负荷超出水环境容量,需要削减;负值说明尚有盈余的环境容量,可以容纳更多的污染负荷。滦河流域 2011 ~ 2030 年 COD 负荷削减量的计算结果见表 6-11 ~ 表 6-15。从上述表中可以看出,在方案一条件下有少部分控制单元的削减量为负值,是不需要进行削减的,这主要有两方面原因:第一,COD 污染在滦河流域相对总氮来说并不是很严重;第二,河流对污染物起到了稀释净化作用,这就使得相应单元的 COD 浓度较低。其他各方案也都有这种情况存在。同时这种情况的出现也为滦河流域水环境管理提供了新的思路,那就是可以在该地区进行相对于 COD 这一指标的排污权交易。从各表对比可以看出,方案五的 COD 排放量是五种方案中最少的,因此其相应的削减量也是最少的,有盈余环境容量的控制单元也最多。

6.3.2　基于二级县市控制单元的 COD 污染负荷削减方案

本书中考虑到随着社会经济的发展和人类环境保护意识的加强,同时考虑研究区内有大型饮用水源地和自然保护区,因此将研究区未来的水环境管理目标设定为 Ⅱ 类水质标准,即到 2030 年 COD 浓度执行 15 mg/L 的水质标准。考虑到未来在行政区之间实行排污权交易的可能性,因此提出 2011 ~ 2030 年基于县(市)控制单元的 COD 污染负荷削减量,见表 6-16。

表 6-11　方案一条件下各单元的 COD 削减量

（单位：t/a）

控制单元	2011	2012	2013	2014	2015	2016	2017	2018	2019	2020	2021	2022	2023	2024	2025	2026	2027	2028	2029	2030
1	-2 190	-2 012	-1 815	-1 613	-1 419	-1 350	-1 185	-1 127	-962	-797	-626	-606	-453	-309	-175	-56	-21	45	81	173
2	-3 546	-3 319	-3 071	-2 817	-2 581	-2 504	-2 316	-2 257	-2 074	-1 893	-1 708	-1 698	-1 538	-1 390	-1 257	-1 141	-1 122	-1 068	-1 047	-963
3	-3 001	-2 767	-2 510	-2 242	-1 977	-1 922	-1 679	-1 636	-1 387	-1 133	-869	-864	-614	-369	-133	91	168	304	390	579
4	-823	-787	-747	-706	-669	-656	-626	-617	-587	-558	-529	-527	-502	-478	-456	-438	-435	-426	-423	-409
5	-4 069	-3 992	-3 909	-3 819	-3 723	-3 803	-3 696	-3 776	-3 659	-3 535	-3 400	-3 477	-3 333	-3 181	-3 023	-2 857	-2 806	-2 701	-2 632	-2 477
6	-711	-701	-689	-676	-665	-661	-652	-649	-641	-632	-623	-623	-615	-608	-601	-596	-595	-592	-591	-587
7	61	318	600	888	1 155	1 242	1 455	1 522	1 730	1 935	2 144	2 155	2 336	2 504	2 655	2 786	2 808	2 870	2 894	2 988
8	423	630	856	1 087	1 305	1 313	1 495	1 486	1 663	1 840	2 019	1 965	2 125	2 277	2 417	2 545	2 550	2 606	2 623	2 725
9	-2 131	-2 077	-2 019	-1 956	-1 889	-1 945	-1 870	-1 926	-1 845	-1 758	-1 664	-1 717	-1 617	-1 511	-1 400	-1 284	-1 248	-1 175	-1 127	-1 018
10	-896	-715	-514	-294	-56	-109	150	92	366	648	937	846	1 134	1 424	1 712	1 997	2 067	2 221	2 300	2 521
11	-193	-144	-93	-41	13	-70	-16	-103	-49	7	63	-35	21	78	136	196	180	202	203	262
12	-1 831	-1 782	-1 729	-1 675	-1 622	-1 642	-1 596	-1 619	-1 574	-1 529	-1 483	-1 517	-1 474	-1 433	-1 394	-1 356	-1 359	-1 344	-1 340	-1 307
13	59	81	104	128	155	133	163	140	173	207	244	223	263	305	349	394	409	438	457	500
14	2 778	2 937	3 114	3 309	3 519	3 496	3 725	3 698	3 937	4 183	4 432	4 368	4 611	4 854	5 092	5 323	5 376	5 494	5 549	5 717
15	-1 632	-1 618	-1 602	-1 586	-1 570	-1 595	-1 579	-1 605	-1 589	-1 572	-1 555	-1 584	-1 568	-1 550	-1 532	-1 514	-1 519	-1 513	-1 512	-1 494
16	347	396	448	505	566	533	598	562	628	696	764	716	783	849	914	978	981	1 010	1 019	1 070

续表 6-11

控制单元	2011	2012	2013	2014	2015	2016	2017	2018	2019	2020	2021	2022	2023	2024	2025	2026	2027	2028	2029	2030
17	1 554	1 788	2 049	2 332	2 634	2 659	2 979	2 995	3 329	3 671	4 018	3 981	4 314	4 642	4 959	5 260	5 337	5 491	5 562	5 770
18	-1 058	-988	-909	-822	-728	-732	-629	-635	-528	-418	-308	-332	-227	-123	-23	72	91	138	158	227
19	-70	36	152	278	409	435	571	594	736	882	1 032	1 033	1 176	1 316	1 451	1 577	1 615	1 683	1 717	1 804
20	-1 376	-1 317	-1 250	-1 178	-1 099	-1 101	-1 016	-1 021	-931	-840	-749	-769	-681	-593	-508	-427	-410	-370	-353	-297
21	-2 001	-1 922	-1 833	-1 735	-1 628	-1 634	-1 517	-1 526	-1 403	-1 277	-1 149	-1 180	-1 060	-944	-834	-731	-714	-663	-640	-558
22	-273	-245	-214	-179	-142	-143	-103	-105	-63	-20	23	13	55	96	136	174	182	201	209	236
23	3 602	3 862	4 135	4 421	4 719	4 739	5 044	5 038	5 342	5 652	5 935	5 842	6 111	6 378	6 641	6 898	6 956	7 105	7 194	7 434
24	-482	-306	-114	89	300	276	491	459	682	910	1 146	1 081	1 306	1 529	1 744	1 950	1 989	2 092	2 138	2 295
25	-1 202	-1 020	-817	-593	-347	-362	-92	-113	169	459	752	682	956	1 222	1 475	1 710	1 748	1 866	1 919	2 108
26	-2 412	-2 360	-2 303	-2 242	-2 179	-2 163	-2 098	-2 084	-2 016	-1 947	-1 875	-1 870	-1 802	-1 735	-1 672	-1 612	-1 592	-1 560	-1 543	-1 502
27	6 096	6 878	7 737	8 668	9 664	10 018	11 070	11 365	12 427	13 497	14 562	14 608	15 583	16 514	17 384	18 177	18 378	18 775	18 953	19 487
28	7 914	8 369	8 848	9 350	9 869	9 930	10 458	10 477	11 006	11 544	12 045	11 922	12 399	12 872	13 335	13 786	13 902	14 164	14 320	14 725
29	4 159	4 489	4 855	5 256	5 693	5 675	6 158	6 133	6 645	7 178	7 727	7 641	8 174	8 700	9 212	9 703	9 831	10 095	10 230	10 600
30	-1 519	-1 508	-1 497	-1 484	-1 470	-1 470	-1 455	-1 456	-1 440	-1 423	-1 406	-1 410	-1 394	-1 379	-1 364	-1 351	-1 349	-1 342	-1 339	-1 328
31	-292	-218	-135	-44	55	49	159	150	265	382	501	473	584	692	795	890	906	954	975	1 051
32	-2 385	-2 379	-2 373	-2 367	-2 359	-2 360	-2 352	-2 353	-2 344	-2 336	-2 327	-2 329	-2 321	-2 313	-2 306	-2 299	-2 298	-2 295	-2 293	-2 287

续表6-11

控制单元	年份																			
	2011	2012	2013	2014	2015	2016	2017	2018	2019	2020	2021	2022	2023	2024	2025	2026	2027	2028	2029	2030
33	-28	14	61	113	170	167	229	224	290	357	425	408	472	534	592	647	656	683	695	739
34	5 335	5 734	6 157	6 606	7 082	7 104	7 606	7 599	8 117	8 653	9 172	9 070	9 592	10 126	10 671	11 227	11 456	11 860	12 176	12 782
35	723	786	856	931	1 012	992	1 081	1 058	1 152	1 250	1 348	1 313	1 411	1 508	1 606	1 702	1 727	1 783	1 816	1 901
36	1 691	2 071	2 487	2 935	3 410	3 670	4 161	4 383	4 866	5 343	5 808	5 886	6 296	6 678	7 025	7 329	7 403	7 546	7 601	7 784
37	-2 133	-2 033	-1 924	-1 805	-1 677	-1 618	-1 484	-1 433	-1 298	-1 162	-1 026	-1 005	-878	-754	-636	-525	-480	-408	-359	-262
38	-266	5	302	622	961	1 147	1 497	1 656	2 001	2 341	2 673	2 729	3 022	3 295	3 542	3 759	3 812	3 914	3 953	4 084
39	907	967	1 032	1 102	1 178	1 159	1 242	1 221	1 309	1 400	1 492	1 460	1 551	1 642	1 733	1 823	1 846	1 899	1 929	2 010
40	151	165	180	196	214	210	229	224	245	266	287	280	301	322	343	364	370	382	389	408
41	1 967	2 243	2 540	2 860	3 201	3 257	3 624	3 664	4 047	4 445	4 873	4 896	5 345	5 815	6 308	6 823	7 108	7 516	7 862	8 423
42	4 523	5 143	5 806	6 508	7 240	7 557	8 297	8 541	9 259	9 967	10 677	10 727	11 375	11 997	12 584	13 128	13 274	13 537	13 644	13 973
43	7 777	8 510	9 294	10 116	10 961	11 238	12 081	12 299	13 145	13 998	14 863	14 904	15 716	16 509	17 273	17 999	18 258	18 703	18 988	19 601
44	1 369	1 448	1 534	1 627	1 728	1 703	1 813	1 786	1 902	2 024	2 146	2 102	2 223	2 344	2 466	2 585	2 615	2 685	2 726	2 832
45	5 697	6 456	7 267	8 115	8 985	9 291	10 156	10 400	11 265	12 137	13 022	13 081	13 909	14 716	15 492	16 228	16 495	16 947	17 238	17 857
46	2 281	2 680	3 100	3 536	3 985	4 129	4 572	4 664	5 088	5 505	5 935	5 925	6 331	6 732	7 122	7 501	7 610	7 795	7 874	8 103
47	1 839	1 877	1 918	1 963	2 011	1 927	1 978	1 887	1 937	1 985	2 034	1 932	1 980	2 028	2 076	2 124	2 100	2 112	2 105	2 154
48	13 241	14 641	16 132	17 688	19 279	19 886	21 459	21 937	23 494	25 055	26 642	26 775	28 257	29 700	31 087	32 402	32 875	33 663	34 153	35 208
49	11 133	11 661	12 232	12 842	13 489	13 490	14 167	14 124	14 807	15 499	16 230	16 093	16 813	17 538	18 261	18 974	19 186	19 580	19 792	20 326

表 6-12 方案二条件下各单元的 COD 削减量

(单位: t/a)

控制单元	2011	2012	2013	2014	2015	2016	2017	2018	2019	2020	2021	2022	2023	2024	2025	2026	2027	2028	2029	2030
1	-2 173	-2 004	-1 820	-1 635	-1 464	-1 419	-1 284	-1 146	-1 007	-922	-856	-725	-599	-478	-365	-261	-160	-63	29	117
2	-3 430	-3 204	-2 960	-2 718	-2 504	-2 462	-2 308	-2 155	-2 004	-1 922	-1 861	-1 724	-1 592	-1 467	-1 350	-1 243	-1 138	-1 037	-939	-845
3	-3 124	-2 914	-2 685	-2 449	-2 223	-2 198	-2 000	-1 796	-1 585	-1 466	-1 378	-1 170	-965	-764	-569	-385	-203	-27	143	304
4	-805	-768	-729	-691	-656	-649	-625	-600	-576	-563	-553	-531	-510	-490	-471	-454	-437	-421	-406	-391
5	-4 289	-4 229	-4 166	-4 099	-4 029	-4 124	-4 051	-3 973	-3 891	-3 888	-3 906	-3 818	-3 728	-3 636	-3 543	-3 449	-3 353	-3 256	-3 158	-3 060
6	-706	-695	-683	-672	-661	-659	-652	-645	-637	-633	-630	-624	-617	-611	-606	-601	-596	-591	-586	-581
7	192	449	725	999	1 242	1 290	1 464	1 637	1 808	1 901	1 970	2 126	2 276	2 418	2 550	2 671	2 790	2 905	3 016	3 122
8	389	589	803	1 017	1 209	1 189	1 335	1 481	1 625	1 679	1 705	1 838	1 967	2 091	2 208	2 319	2 428	2 534	2 637	2 738
9	-2 284	-2 243	-2 199	-2 152	-2 103	-2 169	-2 118	-2 064	-2 007	-2 004	-2 017	-1 956	-1 893	-1 829	-1 763	-1 697	-1 630	-1 563	-1 494	-1 426
10	-1 307	-1 166	-1 010	-839	-655	-737	-538	-329	-111	-29	4	216	429	639	843	1 038	1 225	1 401	1 563	1 710
11	-392	-355	-317	-278	-237	-322	-281	-239	-196	-212	-248	-207	-166	-124	-82	-39	4	48	91	134
12	-1 887	-1 842	-1 794	-1 747	-1 702	-1 727	-1 691	-1 654	-1 618	-1 612	-1 616	-1 583	-1 549	-1 517	-1 485	-1 455	-1 425	-1 395	-1 366	-1 337
13	-1	15	33	51	71	44	65	86	109	110	105	129	154	179	205	231	258	284	311	338
14	2 436	2 560	2 698	2 850	3 015	2 969	3 147	3 335	3 531	3 617	3 659	3 846	4 033	4 215	4 392	4 558	4 715	4 860	4 991	5 105
15	-1 693	-1 682	-1 670	-1 658	-1 646	-1 672	-1 659	-1 647	-1 634	-1 638	-1 649	-1 637	-1 624	-1 612	-1 599	-1 586	-1 573	-1 559	-1 546	-1 533
16	209	246	287	331	378	341	391	443	497	509	505	556	607	658	707	754	799	842	882	918

续表 6-12

控制单元	年份																			
	2011	2012	2013	2014	2015	2016	2017	2018	2019	2020	2021	2022	2023	2024	2025	2026	2027	2028	2029	2030
17	1 141	1 326	1 531	1 756	1 994	1 986	2 240	2 507	2 784	2 931	3 024	3 290	3 552	3 806	4 047	4 272	4 481	4 670	4 837	4 979
18	−1 209	−1 154	−1 093	−1 025	−952	−966	−885	−800	−712	−670	−648	−565	−482	−403	−328	−258	−192	−132	−79	−32
19	−225	−141	−48	52	156	168	276	390	508	577	627	742	854	963	1 065	1 159	1 246	1 325	1 395	1 454
20	−1 498	−1 452	−1 400	−1 343	−1 281	−1 292	−1 225	−1 153	−1 079	−1 044	−1 025	−955	−886	−818	−753	−693	−636	−584	−539	−500
21	−2 180	−2 120	−2 053	−1 978	−1 895	−1 914	−1 823	−1 727	−1 627	−1 581	−1 557	−1 463	−1 373	−1 286	−1 206	−1 134	−1 066	−1 002	−943	−890
22	−330	−309	−284	−257	−228	−233	−201	−168	−133	−117	−108	−75	−42	−10	20	49	76	100	122	140
23	3 135	3 346	3 566	3 795	4 032	4 020	4 259	4 501	4 747	4 859	4 883	5 070	5 250	5 422	5 583	5 732	5 874	6 008	6 133	6 247
24	−823	−684	−533	−373	−206	−250	−81	96	280	358	400	578	753	923	1 085	1 237	1 380	1 514	1 635	1 743
25	−1 614	−1 476	−1 321	−1 149	−960	−1 004	−795	−575	−345	−238	−183	31	239	437	620	785	943	1 090	1 225	1 347
26	−2 480	−2 439	−2 394	−2 345	−2 294	−2 285	−2 234	−2 180	−2 123	−2 089	−2 063	−2 008	−1 954	−1 903	−1 854	−1 810	−1 769	−1 732	−1 699	−1 672
27	5 028	5 655	6 342	7 087	7 882	8 115	8 952	9 818	10 702	11 248	11 624	12 407	13 158	13 860	14 501	15 066	15 585	16 049	16 451	16 785
28	7 157	7 527	7 914	8 317	8 731	8 738	9 152	9 575	10 004	10 215	10 285	10 623	10 950	11 263	11 557	11 828	12 085	12 325	12 546	12 744
29	3 537	3 799	4 090	4 409	4 757	4 690	5 074	5 481	5 908	6 120	6 250	6 672	7 091	7 499	7 890	8 257	8 604	8 926	9 219	9 478
30	−1 543	−1 535	−1 526	−1 516	−1 505	−1 507	−1 495	−1 483	−1 469	−1 463	−1 460	−1 448	−1 436	−1 424	−1 414	−1 404	−1 395	−1 387	−1 379	−1 372
31	−459	−403	−340	−270	−194	−211	−127	−37	56	99	122	209	293	373	448	515	579	638	693	743
32	−2 397	−2 393	−2 388	−2 383	−2 377	−2 379	−2 373	−2 366	−2 359	−2 356	−2 355	−2 348	−2 342	−2 336	−2 331	−2 326	−2 322	−2 317	−2 313	−2 310

续表 6-12

控制单元	2011	2012	2013	2014	2015	2016	2017	2018	2019	2020	2021	2022	2023	2024	2025	2026	2027	2028	2029	2030
33	-124	-92	-56	-16	28	18	66	117	170	195	208	258	306	352	394	432	469	503	534	562
34	4 595	4 919	5 261	5 621	6 001	5 972	6 369	6 779	7 202	7 412	7 498	7 871	8 247	8 624	9 001	9 375	9 755	10 141	10 531	10 926
35	600	657	720	787	859	837	915	997	1 083	1 120	1 133	1 212	1 291	1 370	1 446	1 521	1 594	1 665	1 733	1 797
36	1 262	1 568	1 902	2 261	2 641	2 841	3 232	3 631	4 032	4 307	4 505	4 838	5 149	5 431	5 679	5 887	6 072	6 231	6 362	6 462
37	-2 259	-2 178	-2 090	-1 994	-1 892	-1 849	-1 742	-1 631	-1 519	-1 443	-1 387	-1 286	-1 188	-1 094	-1 006	-924	-846	-770	-698	-630
38	-572	-354	-116	141	412	555	834	1 119	1 405	1 602	1 743	1 980	2 202	2 404	2 581	2 730	2 861	2 975	3 068	3 140
39	792	846	905	968	1 035	1 014	1 087	1 164	1 244	1 279	1 291	1 365	1 439	1 512	1 584	1 654	1 722	1 788	1 852	1 912
40	124	137	150	165	181	176	193	211	229	238	240	258	275	292	309	325	341	356	371	385
41	1 454	1 676	1 914	2 169	2 442	2 462	2 754	3 059	3 377	3 560	3 701	4 041	4 394	4 761	5 142	5 536	5 940	6 354	6 777	7 211
42	3 640	4 136	4 666	5 225	5 806	6 038	6 621	7 211	7 799	8 164	8 422	8 928	9 411	9 864	10 278	10 649	10 976	11 257	11 485	11 658
43	6 697	7 290	7 921	8 580	9 255	9 444	10 113	10 800	11 498	11 924	12 219	12 846	13 454	14 035	14 580	15 081	15 560	16 012	16 432	16 817
44	1 216	1 288	1 366	1 449	1 539	1 511	1 607	1 709	1 816	1 863	1 879	1 977	2 075	2 172	2 268	2 360	2 450	2 538	2 623	2 702
45	4 595	5 204	5 853	6 531	7 222	7 436	8 119	8 819	9 530	9 970	10 280	10 918	11 535	12 123	12 674	13 178	13 659	14 113	14 534	14 917
46	1 608	1 926	2 260	2 605	2 959	3 055	3 401	3 747	4 090	4 278	4 408	4 714	5 012	5 300	5 573	5 830	6 056	6 248	6 404	6 521
47	1 638	1 664	1 693	1 724	1 758	1 671	1 707	743	1 779	1 755	1 715	1 747	1 780	1 811	1 843	1 873	1 904	1 934	1 964	1 994
48	11 193	12 309	13 494	14 726	15 982	16 413	17 643	18 898	20 163	20 954	21 523	22 656	23 751	24 793	25 766	26 656	27 494	28 271	28 977	29 606
49	10 033	10 449	10 898	11 378	11 886	11 820	12 348	12 892	13 446	13 692	13 849	14 402	14 957	15 507	16 048	16 573	17 068	17 527	17 942	18 307

年份

表 6-13　方案三条件下各单元的 COD 削减量　　　　　（单位:t/a）

控制单元	2011	2012	2013	2014	2015	2016	2017	2018	2019	2020	2021	2022	2023	2024	2025	2026	2027	2028	2029	2030
1	-2 435	-2 312	-2 181	-2 049	-1 928	-1 830	-1 843	-1 752	-1 662	-1 577	-1 538	-1 510	-1 493	-1 437	-1 392	-1 464	-1 438	-1 418	-1 405	-1 399
2	-3 825	-3 669	-3 502	-3 337	-3 189	-3 078	-3 099	-2 999	-2 902	-2 812	-2 778	-2 757	-2 751	-2 701	-2 664	-2 762	-2 748	-2 741	-2 743	-2 752
3	-3 429	-3 270	-3 099	-2 925	-2 759	-2 614	-2 694	-2 554	-2 413	-2 276	-2 225	-2 185	-2 159	-2 049	-1 949	-2 070	-1 993	-1 925	-1 865	-1 814
4	-868	-843	-816	-790	-766	-748	-752	-735	-720	-706	-700	-697	-696	-688	-682	-698	-695	-694	-694	-696
5	-4 416	-4 369	-4 318	-4 265	-4 210	-4 154	-4 339	-4 282	-4 223	-4 163	-4 186	-4 210	-4 237	-4 174	-4 112	-4 240	-4 182	-4 124	-4 067	-4 011
6	-725	-717	-709	-701	-694	-689	-690	-685	-680	-676	-675	-674	-673	-671	-669	-674	-673	-673	-673	-673
7	-255	-79	111	298	465	592	567	681	791	892	931	955	962	1 019	1 060	950	965	973	971	961
8	74	215	366	516	652	761	648	747	844	935	943	940	926	987	1 039	897	931	959	981	996
9	-2 373	-2 340	-2 305	-2 268	-2 230	-2 190	-2 319	-2 280	-2 239	-2 197	-2 212	-2 229	-2 248	-2 204	-2 161	-2 251	-2 210	-2 169	-2 129	-2 090
10	-1 385	-1 258	-1 120	-972	-816	-655	-899	-738	-575	-413	-400	-398	-407	-264	-129	-349	-240	-142	-55	20
11	-402	-370	-338	-305	-271	-236	-391	-358	-324	-290	-320	-350	-382	-346	-309	-414	-378	-341	-305	-268
12	-1 945	-1 912	-1 877	-1 842	-1 810	-1 782	-1 841	-1 814	-1 789	-1 764	-1 770	-1 778	-1 789	-1 769	-1 750	-1 802	-1 787	-1 773	-1 760	-1 748
13	-37	-23	-9	5	20	36	-15	1	17	33	27	20	13	30	47	12	28	44	60	76
14	2 407	2 521	2 645	2 779	2 921	3 068	2 887	3 033	3 181	3 327	3 349	3 362	3 363	3 488	3 604	3 426	3 516	3 596	3 664	3 719
15	-1 696	-1 686	-1 677	-1 666	-1 656	-1 646	-1 693	-1 683	-1 672	-1 662	-1 671	-1 680	-1 690	-1 679	-1 668	-1 700	-1 689	-1 678	-1 666	-1 655
16	205	239	275	313	354	395	307	348	389	430	425	417	406	444	479	408	438	466	492	515

年份

续表6-13

控制单元	2011	2012	2013	2014	2015	2016	2017	2018	2019	2020	2021	2022	2023	2024	2025	2026	2027	2028	2029	2030
17	1 097	1 267	1 452	1 650	1 856	2 065	1 894	2 102	2 312	2 519	2 581	2 629	2 659	2 833	2 993	2 792	2 913	3 018	3 107	3 178
18	-1 175	-1 119	-1 057	-989	-916	-840	-907	-829	-749	-669	-646	-627	-613	-544	-480	-552	-500	-453	-410	-373
19	-262	-186	-103	-15	74	163	113	201	291	379	415	444	466	540	608	538	590	635	673	705
20	-1 499	-1 456	-1 409	-1 358	-1 305	-1 249	-1 308	-1 252	-1 196	-1 141	-1 130	-1 122	-1 119	-1 073	-1 030	-1 093	-1 061	-1 033	-1 010	-991
21	-2 061	-1 986	-1 903	-1 810	-1 709	-1 599	-1 667	-1 552	-1 433	-1 311	-1 259	-1 214	-1 176	-1 066	-961	-1 039	-949	-862	-779	-701
22	-331	-311	-288	-265	-239	-213	-241	-214	-188	-162	-157	-153	-152	-130	-110	-140	-124	-111	-100	-92
23	3 000	3 184	3 375	3 572	3 775	3 984	3 818	4 019	4 221	4 422	4 488	4 544	4 588	4 780	4 968	4 809	4 983	5 156	5 328	5 499
24	-890	-765	-632	-493	-352	-213	-385	-247	-108	32	59	77	84	207	323	160	254	340	419	488
25	-1 341	-1 169	-977	-764	-532	-281	-437	-174	100	381	499	602	689	942	1 182	1 004	1 211	1 410	1 600	1 779
26	-2 502	-2 465	-2 425	-2 382	-2 339	-2 297	-2 315	-2 273	-2 231	-2 189	-2 169	-2 153	-2 141	-2 105	-2 073	-2 103	-2 078	-2 057	-2 038	-2 023
27	4 761	5 358	6 003	6 689	7 408	8 145	7 985	8 694	9 394	10 072	10 375	10 613	10 775	11 271	11 700	11 179	11 462	11 688	11 853	11 950
28	6 851	7 164	7 489	7 823	8 163	8 506	8 251	8 579	8 907	9 233	9 343	9 435	9 506	9 812	10 109	9 849	10 117	10 383	10 643	10 897
29	3 012	3 235	3 480	3 746	4 031	4 334	4 022	4 331	4 648	4 969	5 061	5 132	5 178	5 459	5 720	5 399	5 601	5 780	5 934	6 059
30	-1 527	-1 517	-1 506	-1 494	-1 480	-1 466	-1 475	-1 460	-1 444	-1 428	-1 421	-1 415	-1 410	-1 395	-1 381	-1 392	-1 380	-1 368	-1 357	-1 347
31	-348	-278	-200	-114	-20	82	19	126	237	351	398	441	476	578	676	604	687	768	845	918
32	-2 389	-2 384	-2 378	-2 372	-2 365	-2 357	-2 362	-2 354	-2 346	-2 338	-2 335	-2 332	-2 329	-2 322	-2 315	-2 320	-2 314	-2 308	-2 302	-2 297

续表6-13

控制单元	2011	2012	2013	2014	2015	2016	2017	2018	2019	2020	2021	2022	2023	2024	2025	2026	2027	2028	2029	2030
33	-60	-21	24	73	127	185	149	210	274	339	366	390	410	469	524	483	531	577	621	663
34	4 274	4 549	4 838	5 141	5 459	5 791	5 509	5 836	6 170	6 509	6 629	6 736	6 830	7 176	7 521	7 293	7 624	7 960	8 297	8 636
35	463	506	553	603	657	714	634	693	753	815	829	840	849	911	973	912	967	1 021	1 072	1 120
36	1 349	1 654	1 981	2 328	2 686	3 049	3 099	3 439	3 768	4 079	4 245	4 376	4 467	4 670	4 837	4 637	4 731	4 797	4 833	4 836
37	-2 266	-2 188	-2 104	-2 014	-1 921	-1 825	-1 827	-1 735	-1 645	-1 558	-1 514	-1 477	-1 449	-1 384	-1 326	-1 377	-1 335	-1 299	-1 270	-1 247
38	-510	-293	-59	189	445	703	739	982	1 217	1 439	1 557	1 651	1 716	1 861	1 980	1 837	1 904	1 951	1 977	1 979
39	664	705	748	795	845	899	825	879	936	994	1 006	1 017	1 025	1 083	1 141	1 084	1 136	1 186	1 234	1 279
40	94	104	114	125	137	149	132	145	158	171	174	177	178	192	205	192	204	216	227	237
41	1 288	1 487	1 699	1 924	2 160	2 408	2 261	2 505	2 752	3 002	3 109	3 209	3 300	3 560	3 822	3 700	3 946	4 189	4 427	4 659
42	3 830	4 324	4 844	5 384	5 936	6 492	6 459	6 973	7 472	7 946	8 173	8 355	8 487	8 843	9 158	8 849	9 068	9 245	9 379	9 469
43	6 899	7 490	8 110	8 750	9 393	10 023	9 888	10 493	11 094	11 684	11 968	12 208	12 399	12 894	13 354	13 008	13 383	13 733	14 053	14 339
44	1 047	1 100	1 158	1 221	1 287	1 358	1 259	1 332	1 407	1 484	1 500	1 515	1 525	1 603	1 679	1 604	1 673	1 739	1 803	1 862
45	4 872	5 486	6 131	6 795	7 461	8 112	8 002	8 625	9 243	9 848	10 147	10 400	10 600	11 103	11 569	11 226	11 604	11 955	12 275	12 561
46	1 758	2 074	2 401	2 736	3 074	3 412	3 327	3 636	3 937	4 224	4 345	4 445	4 522	4 764	4 993	4 803	4 981	5 134	5 264	5 369
47	1 588	1 613	1 640	1 669	1 700	1 735	1 584	1 616	1 648	1 680	1 647	1 613	1 578	1 609	1 641	1 534	1 566	1 599	1 633	1 669
48	11 885	13 024	14 217	15 440	16 665	17 861	17 723	18 856	19 975	21 063	21 609	22 070	22 435	23 328	24 155	23 552	24 212	24 817	25 361	25 839
49	9 948	10 346	10 773	11 226	11 701	12 194	11 787	12 271	12 761	13 249	13 399	13 526	13 625	14 081	14 523	14 120	14 492	14 830	15 129	15 384

表 6-14　方案四条件下各年 COD 削减量

（单位：t/a）

控削单元	年份																			
	2011	2012	2013	2014	2015	2016	2017	2018	2019	2020	2021	2022	2023	2024	2025	2026	2027	2028	2029	2030
1	-2 190	-2 014	-1 825	-1 637	-1 468	-1 429	-1 400	-1 277	-1 155	-1 035	-975	-923	-813	-707	-606	-663	-576	-493	-413	-338
2	-3 546	-3 322	-3 081	-2 842	-2 631	-2 586	-2 553	-2 410	-2 269	-2 132	-2 067	-2 012	-1 890	-1 774	-1 666	-1 743	-1 653	-1 565	-1 480	-1 399
3	-3 001	-2 771	-2 524	-2 274	-2 041	-2 025	-2 021	-1 832	-1 640	-1 447	-1 363	-1 288	-1 098	-911	-726	-824	-656	-492	-334	-181
4	-823	-787	-749	-710	-677	-669	-664	-641	-619	-597	-586	-577	-558	-539	-522	-534	-520	-506	-492	-479
5	-4 072	-3 996	-3 916	-3 830	-3 741	-3 830	-3 924	-3 832	-3 736	-3 637	-3 638	-3 640	-3 537	-3 431	-3 323	-3 447	-3 341	-3 230	-3 117	-3 001
6	-711	-701	-689	-678	-667	-665	-664	-657	-650	-643	-640	-638	-632	-626	-621	-625	-620	-616	-612	-608
7	61	315	588	859	1 098	1 149	1 186	1 348	1 508	1 663	1 737	1 799	1 938	2 069	2 192	2 104	2 207	2 306	2 403	2 495
8	423	628	847	1 065	1 262	1 244	1 213	1 356	1 498	1 637	1 674	1 701	1 829	1 952	2 069	1 940	2 043	2 145	2 244	2 341
9	-2 133	-2 080	-2 024	-1 964	-1 902	-1 964	-2 030	-1 965	-1 898	-1 829	-1 830	-1 831	-1 759	-1 685	-1 609	-1 697	-1 622	-1 545	-1 466	-1 385
10	-898	-720	-529	-327	-119	-211	-313	-105	108	325	367	399	606	810	1 008	790	972	1 156	1 342	1 529
11	-193	-144	-95	-44	7	-79	-169	-119	-68	-16	-40	-65	-14	38	91	-19	33	85	139	193
12	-1 831	-1 782	-1 731	-1 680	-1 632	-1 657	-1 684	-1 647	-1 609	-1 571	-1 570	-1 572	-1 536	-1 501	-1 467	-1 518	-1 486	-1 455	-1 424	-1 393
13	59	80	102	125	150	125	100	125	152	179	179	178	207	236	266	231	261	291	323	355
14	2 778	2 933	3 101	3 278	3 461	3 401	3 332	3 513	3 698	3 886	3 930	3 964	4 140	4 310	4 474	4 297	4 444	4 592	4 741	4 890
15	-1 632	-1 618	-1 603	-1 587	-1 572	-1 598	-1 625	-1 610	-1 595	-1 579	-1 586	-1 594	-1 578	-1 562	-1 546	-1 580	-1 564	-1 548	-1 532	-1 515
16	347	395	445	498	552	511	467	519	574	629	629	627	679	730	780	706	752	798	845	892

续表 6-14

控制单元	2011	2012	2013	2014	2015	2016	2017	2018	2019	2020	2021	2022	2023	2024	2025	2026	2027	2028	2029	2030
17	1 400	1 580	1 773	1 972	2 171	2 099	2 017	2 202	2 389	2 576	2 606	2 625	2 793	2 954	3 107	2 898	3 031	3 162	3 292	3 420
18	-1 061	-996	-925	-850	-773	-797	-825	-748	-670	-590	-571	-556	-480	-406	-333	-404	-337	-270	-202	-135
19	-205	-145	-82	-19	40	7	-31	18	66	114	109	101	141	178	213	136	164	192	218	244
20	-1 376	-1 318	-1 255	-1 189	-1 122	-1 139	-1 159	-1 092	-1 024	-955	-936	-922	-858	-797	-738	-801	-749	-697	-646	-594
21	-2 011	-1 945	-1 875	-1 800	-1 722	-1 758	-1 797	-1 718	-1 637	-1 554	-1 540	-1 526	-1 442	-1 356	-1 268	-1 337	-1 250	-1 162	-1 073	-984
22	-273	-245	-216	-185	-153	-161	-170	-139	-107	-74	-66	-59	-29	0	28	-2	23	47	71	96
23	3 828	4 058	4 300	4 551	4 812	4 792	4 749	5 000	5 252	5 502	5 546	5 581	5 792	6 003	6 214	6 014	6 214	6 418	6 625	6 836
24	-698	-594	-488	-383	-283	-397	-519	-436	-354	-275	-311	-352	-282	-214	-148	-326	-266	-208	-151	-95
25	-1 226	-1 075	-913	-742	-563	-644	-735	-553	-367	-177	-144	-114	79	276	478	320	519	721	925	1 131
26	-2 493	-2 469	-2 444	-2 419	-2 397	-2 414	-2 433	-2 417	-2 401	-2 387	-2 394	-2 402	-2 391	-2 381	-2 372	-2 405	-2 399	-2 393	-2 387	-2 383
27	6 075	6 822	7 596	8 371	9 121	9 165	9 168	9 842	10 530	11 227	11 522	11 773	12 419	13 040	13 630	13 195	13 706	14 204	14 687	15 154
28	8 138	8 508	8 893	9 291	9 700	9 656	9 578	9 960	10 339	10 714	10 767	10 801	11 110	11 415	11 716	11 380	11 663	11 949	12 239	12 533
29	4 159	4 483	4 834	5 208	5 601	5 526	5 436	5 850	6 283	6 733	6 902	7 049	7 487	7 914	8 325	8 012	8 366	8 705	9 024	9 320
30	-1 520	-1 512	-1 502	-1 492	-1 482	-1 487	-1 492	-1 481	-1 471	-1 460	-1 458	-1 456	-1 445	-1 434	-1 422	-1 431	-1 420	-1 408	-1 396	-1 384
31	-301	-240	-175	-105	-32	-65	-102	-28	47	124	138	150	228	308	390	326	407	489	572	655
32	-2 385	-2 381	-2 376	-2 371	-2 366	-2 368	-2 371	-2 365	-2 360	-2 354	-2 353	-2 353	-2 347	-2 341	-2 335	-2 340	-2 334	-2 328	-2 322	-2 316

续表 6-14

控制单元	年份																			
	2011	2012	2013	2014	2015	2016	2017	2018	2019	2020	2021	2022	2023	2024	2025	2026	2027	2028	2029	2030
33	-34	1	39	78	120	101	80	122	165	209	217	224	269	314	361	325	371	417	465	513
34	5 622	5 980	6 357	6 751	7 164	7 112	7 031	7 440	7 857	8 279	8 383	8 476	8 869	9 270	9 680	9 407	9 816	10 241	10 682	11 141
35	729	799	873	953	1 039	1 021	999	1 091	1 186	1 285	1 314	1 340	1 433	1 526	1 618	1 553	1 639	1 725	1 809	1 891
36	1 676	2 035	2 398	2 750	3 074	3 145	3 194	3 454	3 713	3 971	4 091	4 191	4 418	4 633	4 835	4 691	4 867	5 042	5 216	5 391
37	-2 137	-2 042	-1 946	-1 851	-1 762	-1 750	-1 743	-1 667	-1 590	-1 512	-1 475	-1 444	-1 369	-1 295	-1 223	-1 259	-1 191	-1 120	-1 048	-973
38	-276	-21	239	490	722	772	807	992	1 178	1 362	1 447	1 519	1 681	1 834	1 978	1 876	2 001	2 126	2 251	2 376
39	913	978	1 048	1 123	1 203	1 186	1 166	1 252	1 341	1 434	1 460	1 484	1 571	1 658	1 745	1 684	1 764	1 844	1 923	2 000
40	152	168	184	201	220	216	211	231	252	274	280	285	306	326	346	332	351	369	387	405
41	1 967	2 236	2 516	2 806	3 103	3 103	3 087	3 383	3 689	4 005	4 152	4 292	4 631	4 977	5 332	5 225	5 581	5 950	6 333	6 732
42	4 512	5 109	5 719	6 324	6 907	7 035	7 122	7 623	8 123	8 618	8 855	9 057	9 513	9 951	10 367	10 106	10 468	10 822	11 166	11 501
43	7 784	8 518	9 291	10 087	10 886	11 103	11 260	11 985	12 704	13 405	13 715	13 985	14 614	15 226	15 816	15 478	16 007	16 530	17 043	17 542
44	1 377	1 463	1 556	1 655	1 762	1 739	1 712	1 826	1 945	2 068	2 103	2 135	2 250	2 366	2 481	2 399	2 506	2 613	2 717	2 819
45	5 703	6 459	7 255	8 073	8 893	9 133	9 312	10 049	10 777	11 485	11 805	12 083	12 717	13 332	13 923	13 589	14 119	14 642	15 155	15 653
46	2 281	2 673	3 076	3 484	3 890	3 981	4 040	4 407	4 773	5 134	5 311	5 463	5 806	6 137	6 454	6 270	6 546	6 813	7 069	7 313
47	1 839	1 876	1 916	1 957	2 001	1 911	1 818	1 862	1 907	1 953	1 926	1 898	1 945	1 992	2 039	1 926	1 972	2 019	2 067	2 116
48	13 243	14 629	16 081	17 566	19 047	19 514	19 867	21 184	22 480	23 736	24 329	24 843	25 972	27 064	28 111	27 533	28 463	29 376	30 269	31 135
49	10 996	11 525	12 088	12 676	13 280	13 225	13 149	13 771	14 427	15 115	15 455	15 767	16 496	17 218	17 922	17 582	18 215	18 835	19 437	20 017

表6-15　方案五条件下各年 COD 削减量

（单位:t/a）

控制单元	2011	2012	2013	2014	2015	2016	2017	2018	2019	2020	2021	2022	2023	2024	2025	2026	2027	2028	2029	2030
1	-2 577	-2 487	-2 393	-2 304	-2 229	-2 177	-2 127	-2 080	-2 036	-1 997	-1 963	-1 935	-1 911	-1 894	-1 882	-1 847	-1 838	-1 842	-1 814	-1 828
2	-3 988	-3 872	-3 752	-3 637	-3 543	-3 482	-3 424	-3 370	-3 321	-3 279	-3 244	-3 215	-3 194	-3 181	-3 176	-3 145	-3 145	-3 159	-3 136	-3 161
3	-3 722	-3 608	-3 490	-3 376	-3 276	-3 199	-3 123	-3 049	-2 979	-2 913	-2 852	-2 797	-2 747	-2 703	-2 667	-2 575	-2 536	-2 520	-2 432	-2 431
4	-894	-875	-856	-838	-823	-813	-804	-795	-787	-780	-775	-770	-767	-765	-764	-759	-759	-761	-757	-762
5	-4 705	-4 675	-4 643	-4 611	-4 577	-4 544	-4 509	-4 475	-4 440	-4 407	-4 373	-4 341	-4 310	-4 281	-4 254	-4 161	-4 122	-4 102	-3 998	-3 984
6	-733	-727	-721	-716	-711	-708	-706	-703	-701	-699	-697	-696	-695	-694	-694	-692	-692	-693	-692	-693
7	-439	-308	-172	-43	64	134	200	261	316	364	404	436	459	474	480	515	516	500	526	497
8	-211	-110	-4	96	180	239	295	347	395	439	476	508	534	554	568	633	650	648	715	702
9	-2 575	-2 554	-2 532	-2 509	-2 486	-2 462	-2 438	-2 414	-2 390	-2 367	-2 343	-2 321	-2 299	-2 279	-2 260	-2 195	-2 168	-2 154	-2 081	-2 071
10	-1 901	-1 819	-1 732	-1 642	-1 554	-1 468	-1 382	-1 296	-1 212	-1 131	-1 055	-984	-920	-864	-817	-664	-602	-573	-402	-382
11	-655	-637	-619	-601	-584	-567	-551	-534	-518	-502	-485	-469	-454	-438	-423	-357	-330	-316	-238	-226
12	-2 059	-2 037	-2 014	-1 991	-1 972	-1 957	-1 943	-1 930	-1 917	-1 905	-1 895	-1 885	-1 876	-1 869	-1 863	-1 835	-1 825	-1 822	-1 790	-1 790
13	-116	-108	-99	-90	-81	-72	-62	-53	-43	-34	-25	-16	-7	1	8	34	45	50	79	83
14	1 983	2 057	2 136	2 216	2 296	2 372	2 449	2 525	2 599	2 670	2 737	2 798	2 853	2 900	2 938	3 061	3 110	3 132	3 269	3 285
15	-1 773	-1 767	-1 762	-1 757	-1 751	-1 746	-1 741	-1 736	-1 731	-1 726	-1 721	-1 717	-1 712	-1 707	-1 702	-1 682	-1 674	-1 670	-1 646	-1 643
16	32	53	75	98	120	140	161	182	203	222	241	259	275	289	302	349	367	376	430	438

续表 6-15

控制单元	年份																			
	2011	2012	2013	2014	2015	2016	2017	2018	2019	2020	2021	2022	2023	2024	2025	2026	2027	2028	2029	2030
17	738	848	964	1 080	1 190	1 290	1 391	1 489	1 585	1 675	1 759	1 836	1 905	1 966	2 016	2 166	2 230	2 261	2 426	2 450
18	−1 404	−1 374	−1 342	−1 310	−1 277	−1 247	−1 215	−1 184	−1 154	−1 125	−1 098	−1 073	−1 051	−1 031	−1 014	−962	−941	−931	−874	−868
19	−322	−273	−222	−172	−126	−86	−47	−9	28	63	94	124	151	175	197	256	283	297	362	374
20	−1 650	−1 622	−1 592	−1 561	−1 531	−1 503	−1 474	−1 446	−1 418	−1 391	−1 366	−1 344	−1 324	−1 307	−1 294	−1 251	−1 234	−1 226	−1 179	−1 174
21	−2 433	−2 408	−2 382	−2 354	−2 326	−2 298	−2 270	−2 242	−2 215	−2 189	−2 164	−2 141	−2 118	−2 097	−2 077	−2 017	−1 991	−1 977	−1 913	−1 905
22	−402	−389	−375	−360	−346	−333	−319	−306	−292	−280	−268	−258	−248	−240	−234	−214	−206	−202	−180	−177
23	2 386	2 487	2 590	2 692	2 795	2 898	2 995	3 086	3 170	3 245	3 313	3 374	3 428	3 475	3 515	3 644	3 696	3 719	3 862	3 876
24	−1 107	−1 029	−949	−872	−800	−739	−679	−619	−563	−509	−459	−411	−366	−323	−284	−160	−104	−74	67	93
25	−2 194	−2 137	−2 076	−2 012	−1 948	−1 884	−1 819	−1 755	−1 693	−1 633	−1 577	−1 523	−1 471	−1 422	−1 377	−1 239	−1 179	−1 148	−1 000	−982
26	−2 508	−2 484	−2 459	−2 435	−2 413	−2 395	−2 378	−2 360	−2 344	−2 329	−2 315	−2 301	−2 289	−2 278	−2 268	−2 241	−2 228	−2 221	−2 191	−2 185
27	3 537	3 944	4 351	4 741	5 097	5 403	5 705	6 001	6 287	6 558	6 811	7 037	7 231	7 389	7 510	7 832	7 950	7 983	8 298	8 285
28	6 061	6 248	6 436	6 623	6 807	6 984	7 152	7 310	7 455	7 586	7 703	7 808	7 903	7 985	8 054	8 273	8 363	8 405	8 645	8 674
29	2 232	2 378	2 532	2 693	2 857	3 020	3 188	3 359	3 530	3 699	3 862	4 012	4 145	4 258	4 348	4 594	4 685	4 709	4 939	4 918
30	−1 576	−1 573	−1 569	−1 566	−1 562	−1 558	−1 554	−1 551	−1 547	−1 544	−1 541	−1 537	−1 534	−1 532	−1 529	−1 521	−1 518	−1 516	−1 507	−1 506
31	−694	−671	−646	−620	−594	−568	−542	−516	−491	−467	−444	−422	−401	−381	−363	−307	−282	−270	−210	−202
32	−2 414	−2 412	−2 410	−2 408	−2 406	−2 405	−2 403	−2 401	−2 399	−2 397	−2 396	−2 394	−2 392	−2 391	−2 390	−2 386	−2 384	−2 383	−2 379	−2 378

续表6-15

年份

控制单元	2011	2012	2013	2014	2015	2016	2017	2018	2019	2020	2021	2022	2023	2024	2025	2026	2027	2028	2029	2030
33	-258	-245	-231	-216	-201	-186	-171	-156	-142	-128	-115	-102	-90	-79	-69	-37	-23	-16	19	23
34	3 420	3 578	3 738	3 900	4 064	4 229	4 390	4 545	4 692	4 831	4 962	5 086	5 204	5 313	5 414	5 677	5 809	5 893	6 192	6 268
35	294	324	355	387	421	457	493	530	568	605	642	678	712	744	774	841	876	896	965	976
36	892	1 103	1 310	1 502	1 668	1 798	1 924	2 044	2 156	2 260	2 353	2 434	2 501	2 554	2 592	2 691	2 727	2 737	2 840	2 842
37	-2 384	-2 330	-2 277	-2 227	-2 183	-2 147	-2 111	-2 076	-2 043	-2 011	-1 981	-1 954	-1 930	-1 909	-1 891	-1 850	-1 830	-1 818	-1 773	-1 762
38	-836	-685	-538	-401	-283	-189	-100	-14	66	140	207	265	313	350	377	448	473	481	554	555
39	507	534	563	593	625	659	693	727	762	797	832	865	897	927	955	1 018	1 050	1 069	1 134	1 144
40	58	64	71	78	85	93	101	109	117	125	133	141	149	156	162	177	184	189	204	206
41	856	995	1 136	1 278	1 418	1 554	1 691	1 827	1 961	2 093	2 222	2 346	2 465	2 578	2 684	2 903	3 029	3 120	3 362	3 443
42	2 863	3 209	3 550	3 875	4 173	4 431	4 681	4 919	5 142	5 348	5 533	5 695	5 833	5 943	6 025	6 233	6 309	6 328	6 524	6 511
43	5 666	6 089	6 523	6 955	7 371	7 759	8 136	8 496	8 832	9 137	9 405	9 649	9 864	10 049	10 201	10 540	10 692	10 760	11 081	11 087
44	837	874	912	953	995	1 039	1 084	1 130	1 177	1 223	1 269	1 313	1 356	1 396	1 432	1 516	1 559	1 584	1 670	1 684
45	3 624	4 065	4 517	4 966	5 397	5 797	6 185	6 555	6 899	7 209	7 481	7 726	7 942	8 126	8 276	8 609	8 757	8 822	9 135	9 136
46	1 009	1 232	1 455	1 672	1 879	2 071	2 258	2 435	2 602	2 755	2 893	3 014	3 118	3 203	3 268	3 428	3 487	3 500	3 643	3 626
47	1 332	1 344	1 355	1 368	1 381	1 395	1 409	1 423	1 436	1 449	1 461	1 473	1 485	1 496	1 506	1 565	1 586	1 596	1 667	1 676
48	9 607	10 426	11 259	12 082	12 871	13 597	14 300	14 967	15 584	16 140	16 623	17 055	17 430	17 744	17 995	18 558	18 796	18 889	19 408	19 389
49	8 491	8 757	9 034	9 316	9 598	9 874	10 159	10 453	10 753	11 057	11 364	11 656	11 926	12 168	12 377	12 814	13 027	13 144	13 570	13 624

表 6-16 基于县（市）控制单元各典型代表年份 COD 削减量 （单位：t/a）

方案	县（市）	2011	2015	2020	2025	2030
一	承德县	− 7 645.42	− 4 264.21	− 718.34	3 371.87	6 466.68
	平泉县	4 376.99	6 042.73	7 713.02	9 905.71	11 483.67
	兴隆县	− 182.07	1 010.87	2 436.48	4 882.67	8 257.62
	滦平县	− 110.98	2 573.75	5 407.24	8 626.78	10 909.59
	隆化县	1 547.10	5 234.70	8 958.51	13 425.17	16 672.00
	丰宁县	− 4 570.66	− 3 350.68	− 2 555.85	− 1 387.71	− 227.85
	宽城县	6 620.09	13 992.60	22 316.92	29 611.04	33 105.91
	围场县	− 6 962.99	− 5 099.45	− 3 451.05	− 902.27	1 740.53
	青龙县	5 258.53	7 316.27	9 162.12	11 703.54	13 888.00
	迁西县	9 099.26	14 025.67	18 495.04	23 232.32	26 208.53
	迁安市	21 960.98	32 950.18	43 636.28	54 674.42	62 338.41
	卢龙县	6 589.26	7 126.72	7 129.15	7 456.46	7 745.89
	滦县	5 857.17	7 457.07	9 003.15	10 993.27	12 474.84
	太仆寺旗	42.59	187.21	336.77	587.87	858.97
	多伦县	− 7 466.61	− 2 636.97	1 182.62	4 779.13	6 912.58
	正蓝旗	− 3 398.42	− 2 494.54	− 1 522.94	− 477.31	335.02
	凌源市	3 254.63	4 663.42	6 081.17	7 934.27	9 275.08
	沽源县	− 394.20	− 46.96	143.67	458.76	771.10
	昌黎县	1 647.04	2 196.41	2 731.86	3 415.32	3 929.27
	承德市辖区	15 037.36	19 050.22	22 424.17	25 904.70	28 833.52
二	承德县	− 8 713.68	− 5 854.76	− 2 528.389	1 152.864	4 491.45
	平泉县	3 786.50	5 153.15	6 707.478 3	8 649.585	10 417.536
	兴隆县	− 579.11	447.30	1 801.083 8	3 996.985 5	7 315.546 5
	滦平县	− 716.16	1 553.31	4 152.901 2	7 010.388	9 406.656
	隆化县	304.05	3 385.20	6 887.175	10 937.43	14 608.89
	丰宁县	− 5 124.01	− 4 045.46	− 3 165.975	− 1 992.625	− 582.958 8

续表 6-16

方案	县（市）	2011	2015	2020	2025	2030
二	宽城县	4 854.54	10 825.87	18 052.717	24 070.581	27 660.78
	围场县	− 7 572.81	− 5 949.16	− 4 430.69	− 2 345.682	120.54
	青龙县	4 530.08	6 416.22	8 395.662 6	10 761.714	13 270.383
	迁西县	7 236.94	11 185.40	15 099.42	18 944.19	21 828.645
	迁安市	18 384.61	27 091.36	36 246.319	45 031.185	52 082.847
	卢龙县	6 034.35	6 427.02	6 493.122 8	6 809.94	7 304.547 6
	滦县	5 237.43	6 513.96	7 883.579 2	9 573.021 9	11 123.607
	太仆寺旗	− 9.85	111.98	254.918 36	483.260 1	765.029 4
	多伦县	− 6 971.71	− 2 309.05	1 056.502 5	4 381.344	7 418.484
	正蓝旗	− 3 522.79	− 2 729.65	− 1 818.874	− 853.713	8.397
	凌源市	2 762.55	3 922.11	5 243.224 3	6 887.493	8 386.632
	沽源县	− 578.65	− 278.56	− 59.708 9	257.124 6	652.730 4
	昌黎县	1 440.46	1 882.04	2 358.666 7	2 941.902 9	3 478.854 3
	承德市辖区	13 461.02	16 731.78	19 745.096	22 290.386	24 671.924
三	承德县	− 8 005.56	− 4 742.80	− 920.368 8	2 610.918	5 614.236
	平泉县	3 287.41	4 463.66	5 613.917 6	6 587.104 1	7 169.058
	兴隆县	− 986.60	− 139.51	856.901 36	2 103.199 4	3 676.678 2
	滦平县	− 912.08	1 156.50	3 269.076 1	5 073.188 8	6 295.705 2
	隆化县	292.35	3 147.87	5 908.252 5	8 125.2	9 618.84
	丰宁县	− 5 151.38	− 4 138.61	− 3 380.618	− 2 623.291	− 1 699.22
	宽城县	5 211.72	11 011.65	17 114.306	20 603.619	20 966.598
	围场县	− 7 926.27	− 6 452.99	− 5 194.34	− 3 925.611	− 2 516.216
	青龙县	3 722.92	5 218.74	6 593.839 9	7 964.001 4	9 272.165 4
	迁西县	7 651.62	11 505.57	14 948.729	17 338.057	18 641.414
	迁安市	19 821.99	28 601.01	36 787.129	42 575.396	45 769.536
	卢龙县	5 895.35	6 266.44	6 283.773 2	6 250.485 2	6 404.788 8

续表 6-16

方案	县（市）	2011	2015	2020	2025	2030
三	滦县	5 225.59	6 434.24	7 628.480 1	8 636.175 9	9 264.746 7
	太仆寺旗	−48.83	58.37	169.340 65	300.297	444.031 2
	多伦县	−8 660.81	−5 240.95	−2 751.726	−1 241.989	−740.093 4
	正蓝旗	−3 647.53	−2 972.15	−2 276.178	−1 689.884	−1 275.669
	凌源市	2 346.64	3 347.53	4 331.923 7	5 168.759	5 679.567
	沽源县	−587.78	−309.61	−131.256 7	46.902 6	280.643 4
	昌黎县	1 436.51	1 855.47	2 273.633 7	2 629.620 9	2 859.234 3
	承德市辖区	12 800.79	15 522.99	17 745.291	19 635.152	21 574.79
四	承德县	−7 705.71	−4 823.78	−2 370.33	783.612	3 931.866
	平泉县	4 376.99	5 955.26	7 290.165 6	9 062.544 6	10 267.697
	兴隆县	−182.07	909.02	1 938.789	3 664.771 4	5 867.141
	滦平县	−831.62	643.34	1 511.841 6	2 428.355 7	3 112.541 3
	隆化县	1 547.28	5 005.99	7 797.69	11 092.221	13 653.126
	丰宁县	−4 570.66	−3 367.34	−2 621.203	−1 512.133	−420.942 6
	宽城县	6 559.34	12 609.89	16 668.342	20 593.017	23 252.094
	围场县	−6 970.77	−5 150.67	−3 735.366	−1 734.816	285.12
	青龙县	5 295.28	7 476.09	9 370.773	11 776.453	13 825.273
	迁西县	9 099.26	13 762.77	17 467.74	21 381.01	24 021.628
	迁安市	21 960.78	32 532.50	41 173.344	48 981.483	54 432
	卢龙县	6 589.26	7 099.31	7 040.034	7 352.622 9	7 641.237 6
	滦县	5 754.21	7 310.67	8 748.484 2	10 777.78	12 281.835
	太仆寺旗	42.59	185.37	324.500 8	551.488 4	786.918 6
	多伦县	−7 466.61	−2 852.06	156.438	3 029.300 1	5 049.381 6
	正蓝旗	−3 398.42	−2 552.08	−1 814.63	−1 038.989	−405.607 1
	凌源市	3 254.63	4 590.53	5 728.797	7 231.626	8 261.766
	沽源县	−394.20	−52.52	121.881 6	417.288 6	706.735 8
	昌黎县	1 612.72	2 147.61	2 646.968 4	3 343.488 9	3 864.930 3
	承德市辖区	15 915.71	19 521.26	22 179.366	24 784.304	27 044.882

续表 6-16

方案	县(市)	2011	2015	2020	2025	2030
五	承德县	- 10 219.75	- 8 418.04	- 6 149.486	- 4 031.267	- 1 553.183
	平泉县	2 547.05	3 348.14	4 407.480 8	5 284.296 5	6 085.025 7
	兴隆县	- 1 182.72	- 545.21	363.361 68	1 398.359 9	2 848.654 3
	滦平县	- 957.09	499.62	2 031.121 2	3 350.747 3	4 861.23
	隆化县	- 1 238.33	844.98	3 364.448 7	5 453.06	7 769.090 3
	丰宁县	- 5 854.34	- 5 008.34	- 3 969.757	- 2 940.633	- 1 582.738
	宽城县	3 329.55	6 818.06	9 623.884 1	11 359.051	12 755.306
	围场县	- 8 726.36	- 7 471.26	- 5 870.323	- 4 318.256	- 2 441.884
	青龙县	2 728.21	3 829.44	5 353.281	6 789.627 1	8 423.945 4
	迁西县	5 579.74	8 197.02	10 882.362	12 565.815	13 817.352
	迁安市	15 868.32	21 922.88	27 954.546	31 347.931	33 892.072
	卢龙县	5 187.60	5 383.57	5 644.908 1	5 877.749 6	6 422.620 7
	滦县	4 394.52	5 184.27	6 221.179 6	7 165.048 1	7 937.915 8
	太仆寺旗	- 115.92	- 34.93	82.865 879	209.075 5	361.627 42
	多伦县	- 9 356.48	- 6 754.44	- 4 745.513	- 3 431.76	- 2 490.085
	正蓝旗	- 3 790.65	- 3 264.95	- 2 724.716	- 2 261.163	- 1 834.319
	凌源市	1 729.68	2 417.93	3 326.559 7	4 083.085 9	4 776.206 7
	沽源县	- 822.10	- 599.52	- 327.636 4	- 58.878 09	319.470 74
	昌黎县	1 159.49	1 438.81	1 804.533 5	2 139.245	2 416.957 3
	承德市辖区	10 886.33	12 502.28	14 279.396	15 392.587	16 788.463

从表 6-16 可以看出,在方案五条件下各单元 COD 的削减量最少。考虑到流域范围较大,排污权交易建议以邻近县之间进行为宜。以方案五为例,如果同时采用节水、治污和产业结构调整等措施,承德县到 2030 年仍有部分剩余水环境容量,因此本书建议相邻近的县,如平泉县和宽城县可以向承德县购买剩余的水环境容量,以同时满足本县的发展和环境保护的要求。

6.4　基于水质目标管理的对策

滦河流域水环境容量小,承载能力有限,为实现各水平年水环境容量控制目标,应按照限排总量严格控制入河湖污染物总量,在水生态修复、工业污染源控制、城市污水处理设施建设、污水回用和农业面源污染控制等方面通过持续不断的努力,逐渐实现各水平年总量控制目标。本书认为在研究区进行水质目标管理可采取的主要管理对策有:积极开展流域水生态保护和修复、推进入河排污口监督管理、加快污水处理设施建设和再生水利用、加强工业污染源监管与治理、加强农业面源污染防治、推进节水型社会建设等。

6.4.1　积极开展流域水生态保护和修复

根据对流域水环境现状的调查分析,从以下几个方面对流域水生态保护和修复提出建议。

(1)生态水量配置。研究区上中游水量充沛,基本可以满足生态水量要求,只需加强管理,维持现状,不再寻求新的水源配置。而下游存在生态需水量短缺问题,缺水时由潘家口、大黑汀、桃林口3座水库优化调度解决。

(2)水资源保护。研究区上游通过新建燕子窝水库等水源工程,对现有病险水库进行除险加固,提高水资源利用保障能力。通过新建和改造农业节水灌溉工程,创建城市节水型企业,开展城市生活节水项目建设、中水利用示范工程,开展农村饮用水源和水源涵养地的保护,建设水源保护区。中游按照"流域、梯级、综合、滚动"的方针,开工一批集供水、灌溉、防洪、发电为一体的水利枢纽工程,提高境内水资源保障率和利用率,实现流域水资源的优化配置。开工建设一批流域间引调水工程,促进水资源利用、经济发展与生态保护协调发展。对于下游来说,则应在合理利用地表水的同时,严格控制超采地下水,大力发展雨水集蓄利用、海水利用、中水回用、劣质水源多级利用和工业用水重复利用。协调防洪安全与生态修复之间的关系,争取多利用中小洪水增加向重要生态目标的供水。

(3)水质安全保障。研究区上游应积极开展农村牧区环境综合整治工作。妥善处理生活垃圾和污水,解决农村环境"脏、乱、差"的问题;加强畜禽养殖污染防治工作,推广经济适用的污染防治和养殖废物综合利用技术,进一步提高畜禽粪便的综合利用率,大力开展农业废弃物的综合利用,探索适合当地发展实际情况的生态农业模式。对于支流上游采矿、选矿企业的金属污染应采取综合治理措施。加强潘家口、大黑汀水库周边污染源治理,引导水库库区网箱养鱼向生态养殖方面转化。加强承德市城市污水治理与回用,大力治理污染严重河流。下游河道则以治理尾矿排放、减少河道淤积与污染为主。

(4)生态环境建设。坚持保护与建设并重,以保护为主,注重生态自我修复的原则,继续实施好京津风沙源治理工程,巩固退耕还林成果工程。以滦河源国家级自然保护区、小滦河和柳河国家级水产种质资源保护区为核心规划新建一批自然保护区,完善自然保护区管理体系,提高保护区管护能力。采用生物、工程、农业技术和封禁四大措施,以生物措施为主进行区域生态修复。修复脆弱湿地的生态环境。进一步完善矿山环境恢复的投入机制,加快推进矿山生态环境恢复治理。同时以河道整治、水土流失治理和水源地保护为重点,加强水生态环境保护体系建设。对现有堤防进行生态改造,增强河流横向连通性。对淤积河床进行疏通,加速河水下泄入海,防止内涝。尽快制定滦河口岸线规划,制定开发利用区和生态保护区。

6.4.2　推进入河排污口监督管理

对于已有的排污口加强监管力度。保护区和饮用水源区是应该优先达标的水功能区,因此其排污口应逐渐关停。农业用水区主要用于农业灌溉,目前污染物入河量较大,不利于粮食安全,因此也应逐渐减少其污染物入河量。对于泵站型排污口,要充分考虑排入水功能区的受纳程度,若受纳水功能区已无纳污容量,则严禁污水泵入。加强污水处理厂的监督管理,保证污水处理厂排污口达标排放。完善入河排污口登记,严格入河排污口设置审批,对排污量超出限制总量的地区,限制审批新增取水和入河湖排污口。

6.4.3　加快污水处理设施建设和再生水利用

滦河流域大部分控制单元的环境容量远低于入河量,大规模普及污水处理设施建设,有效控制城镇污染,是实现水功能区水质目标的关键。建议各级政府主管城镇污水处理设施建设与运行管理部门(城建部门或有污水处理建设与运行管理职责的水务部门)从以下几方面入手开展工作:

(1)全面提高城市污水处理水平。城镇污水处理厂要按照集中和分散相结合的原则,优化布局,继续提升污水处理能力,县级城市应全面普及建成污水处理厂,争取到2030年流域内城镇污水处理率达到90%以上。选取适宜工艺推进重点建制镇集中污水处理设施建设,选取有条件的农村推广应用农村分散型污水处理技术并确保稳定运行。污水处理设施建设应与再生利用设施统筹考虑。

依据国家政策和流域排放要求,合理提高污水排放标准,强化污水处理厂的提标改造,促进新、老污水处理厂实现稳定达标排放。确保污水处理厂达到一级 B 排放标准(GB 18918—2002);排入封闭或半封闭水体、已富营养化或存在富营养化威胁水域的城镇污水处理厂必须建设或增建脱氮除磷设施。

污水处理设施建设要与供水、用水、节水与再生水利用统筹考虑,2020 年省辖市污水再生利用率要达到污水处理量的 20% 以上,2030 年达到 30% 以上。

(2)加强污水处理厂配套工程建设。大力推行雨污分流,加强对现有雨污合流管网系统改造,提高城镇污水收集的能力和效率。高度重视污水处理厂的污泥处理处置,新建污水处理厂和现有污水处理厂改造要统筹考虑配套建设污泥处理处置设施。政府要承担起污水管网建设的主要任务。

(3)提高城市再生水利用水平。采用分散与集中相结合的方式,建设污水处理厂再生水处理站和加压泵站;在具备条件的机关、学校、住宅小区新建再生水回用系统,大力推广污水处理厂尾水生态处理,加快建设尾水再生利用系统,城镇景观、绿化、道路冲洒等优先利用再生水。

6.4.4　加强工业污染源监管与治理

工业污染控制是各级环境保护部门的职责,为达到滦河流域入河污染物总量控制要求,主要做好如下几方面工作:

(1)积极调整产业结构。严格执行国家产业政策,不得新上、转移、生产和采用国家明令禁止的工艺与产品,严格控制限制类工业和产品,禁止转移或引进重污染项目,鼓励发展低污染、无污染、节水和资源综合利用的项目。

(2)积极推进清洁生产。鼓励企业实行清洁生产和工业用水循环利用,发展节水型工业。化工、造纸行业所有企业依法实行强制清洁生产审核,对存在严重污染隐患的企业依法实行强制清洁生产审核。

(3)严格环保准入。新建项目必须符合国家产业政策,执行环境影响评价和“三同时”制度。从严审批新建与扩建产生有毒有害污染物的建设项目。暂停审批超过污染物总量控制指标地区的新增污染物排放量的建设项目。切实加强“三同时”验收,做到增产不增污。

(4)提高工业污染治理水平。制定更为严格的地方污染物排放标准,促进污染治理技术水平的提升。继续加大制浆造纸、印染、食品加工等重污染行业企业的治理力度,鼓励企业在稳定达标排放的基础上集中建设污水深度处理设施,超标或超总量排放水污染物的企业,经限期治理后仍不能达到治理要求的,要依法关闭。鼓励开展中水回用设施建设,提高企业中水回用比例。重点工业污染源要安装自动监控装置,实行实时监控、动态管理。

6.4.5　加强农业面源污染防治

(1)加强畜禽养殖污染防治。加强规模化畜禽养殖场污染治理,对已建处理设施的规模化养殖场统一纳入污染源监管体系,确保实现达标排放。对未建处理设施的设定期限,限期达标。鼓励废水经处理后回用于场区园林绿化和周边农田灌溉,回用于农田灌溉的水质应达到农田灌溉水质标准。鼓励养殖小区、养殖专业户和散养户适度集中,统一收集和处理污染物,推广干清式粪便清理法,推进畜禽粪污的无害化处理。以养殖废弃物的肥料化以及沼气处理为主要途径,推进畜禽养殖资源化利用。

(2)逐步减少种植业污染物产生。积极推广农业清洁生产技术,发展生态农业和绿色农业,加快测土配方施肥技术成果的转化和应用,提高肥料利用效率,鼓励施用有机肥。按照有机农业标准和生产方式,推广生物农药和高效低毒低残留农药,严禁高毒和高残留农药的使用。

6.4.6　推进节水型社会建设

推进节水型社会建设主要包括以下 5 个方面的措施:①改革现有水资源管理体制,建立较完善的节水型社会管理制度框架,不断提高水资源的利用效率和效益,促进经济社会的发展与资源、环境状况相协调。②建立健全用水总量控制和定额管理相结合的水资源管理制度。完善并严格取水许可和建设项目水资源论证制度。建立节水减排机制,通过制度建设,保障节水目标实现。③建立合理的水价形成机制和节水良性运行机制。建立稳定的节水投入保障机制和良性的节水激励机制,确立节水投入的专项资金。④节水型产业建设。通过采取工程、经济、技术、行政等措施,减少水资源开发利用各个环节的损失和浪费,降低单位产品的水资源消耗量,提高产品、企业和产业的水资源利用效率,建立节水型农业、节水型工业和节水型城市。⑤积极推动公众参与。通过制度建设,促进公众的广泛参与,增强全民的节水意识。

第 7 章　结论与展望

7.1　主要结论

　　本研究系统地对滦河流域地区的流域水环境进行调查与分析,对流域水环境健康状况进行了评价;对研究区的二级分区和三级控制单元进行了划分;应用模型对控制单元的污染负荷进行了核算;模拟计算了 25%、50%、75% 水文保证率及 30Q10、汛期及非汛期六个设计水文条件下滦河流域的总氮和 COD 的水环境容量,提出了基于水质目标的污染负荷削减方案,在此基础上提出滦河流域水质目标管理对策,主要得出了以下几个结论:

　　(1)通过对 1956~2007 年平均水资源量的分析发现,水资源量有逐年递减的趋势。水生生物调查分析发现底栖生物种类丰富,鱼类则以四大家鱼为主。整个流域水土保持形势严峻。对滦河流域中的监测站点 2000~2010 年的监测数据进行分析,发现滦河流域水质状况存在较大的时间和空间变异性。应用多种评价方法对滦河流域监测站点的 2010 年的水质状况进行评价,结果显示水质标识指数法较适合在滦河流域进行应用,应用此方法对主要污染指标进行筛选,结果显示滦河流域水污染物以养分污染和 COD 污染为主。污染源解析结果表明,达标区域污染源主要为自然沉降和生活污水,而对未达标的站点来说,工业污水、生活污水则是主要污染源。滦河流域存在不同程度的水土流失,近 25 年流域内林地面积增长较快,而未利用地不断减少。

　　(2)在综合考虑滦河流域自然地理条件、社会经济情况、人类活动及其影响等因素的基础上,依据控制单元划分原则及方法,构建滦河流域地区的多级污染控制单元,主要应用 GIS 技术,在整个研究区作为一级控制单元的基础上,将研究区划分为基于河流单元的 12 个二级子流域和基于行政区的 20 个县(市),并在二级子流域的基础上进一步划分了 49 个三级控制单元。

　　(3)对滦河流域各县(市)主要污染源(工业、集约化畜禽养殖、土地利用、化肥施用、大气沉降)进行了统计和调查。应用 SPARROW 模型分别对 25%、50% 和 75% 水文保证率下和 30Q10 情景及汛期和非汛期的各个控制单元的 TN 产生量进行了模拟。这六种情景下的总氮输出量分别为 312 824.1 t/a、

270 451.9 t/a、199 128.9 t/a、162 592.5 t/a、98 046.72 t/a 和 161 855.6 t/a。

（4）通过对 2011～2030 年 COD 排放量及其变化趋势的模拟结果表明，按现状方案发展，滦河流域水资源供需比呈现一个递减的趋势，水资源和水环境状况难以支撑滦河流域社会经济的长远发展，现状条件下社会经济发展不具有可持续性。针对现状发展条件下水资源承载力逐年下降的问题，提出改善滦河流域水资源供需矛盾的五种优化配置方案，并对每个方案的承载力水平和变化趋势进行对比分析，在综合方案下，滦河流域供需比比常规发展模式下的现状方案平均提高 20%，COD 排放量平均减少 30% 以上。

（5）模拟计算了滦河流域各控制单元在 25%、50%、75% 水文保证率和30Q10 及汛期、非汛期六个设计水文条件下总氮和 COD 的水环境容量。计算结果表明，在 25%、50%、75% 水文保证率下研究区内总氮和 COD 的水环境容量分别为 14 741.26 t/a 和 237 082.90 t/a，11 841.56 t/a 和 174 461.78 t/a，9 241.93 t/a 和 140 404.19 t/a。30Q10 情境下总氮和 COD 的水环境容量分别为 7 560.56 t/a 和 126 363.78 t/a，而汛期和非汛期这两个指标的水环境容量则分别为 4 392.9 t/a 和 65 970.14 t/a，6 229.75 t/a 和 96 975.32 t/a。

（6）参考 TMDL 模式，采用等比分配法，将水环境容量在不同污染源之间进行分配，同时考虑了安全余量。计算了滦河上游各控制单元在不同流量模式下的总氮负荷削减量。结果表明，滦河流域绝大多数控制单元的各污染源的污染负荷均需削减 70% 以上，才能满足水质目标要求。并对 75% 水文保证率下，未来 20 年五种发展情景下的 COD 削减量进行计算，据此提出了滦河地区水质目标管理对策。

7.2　问题与展望

（1）在控制单元划分过程中，应建立相关指标体系，以更好地表征水体水质与环境之间的相互关系。

（2）在基于 TMDL 模式进行污染源污染负荷分配的过程中，采用的是等比例分配的方法，应进一步开展基于公平和效率原则的水污染削减量优化分配模型的研究，以期为水质目标管理制度的实施提供科学依据。

（3）SPARROW 模型使用的非线性回归方法有两个潜在的弱点：第一，所有子流域使用固定系数；第二，SPARROW 模型中应用的最小二乘法趋向于高估山区的养分负荷，低估沿海平原的养分负荷。其次，SPARROW 模型需要长期监测数据，模型的开发要适应大流域，这就使得空间分辨率相对较低，一些细节就被忽略掉了。再有,就是由于模型实际上是采用长期平均值,因而从实质上讲模型是静态的。基于 SPARROW 模型的这些缺点,后续的研究可以通过贝叶斯方法对其进行改进。

参 考 文 献

[1] 杨玲. 纂江干流江津段水环境容量研究[D]. 重庆: 西南大学, 2009.

[2] 罗阳. 流域水体污染物最大日负荷总量控制技术研究[D]. 杭州: 浙江大学, 2010.

[3] 史铁锤. 湖州市环太湖河网区水环境容量与水质管理研究[D]. 杭州: 浙江大学, 2010.

[4] 孟伟, 张楠, 张远, 等. 流域水质目标管理技术研究(I)——控制单元的总量控制技术 [J]. 环境科学研究, 2007, 20(4): 1-8.

[5] 王浩, 严登华, 肖伟华, 等. 基于流域水循环的水污染物总量控制理论、方法、应用 [M]. 北京: 中国水利水电出版社, 2012.

[6] 周密, 王华东, 张义生. 环境容量[M]. 长春: 东北师范大学出版社, 1994.

[7] 王建, 张金生. 日本水质污染总量控制及其方法[J]. 湖北环境保护, 1981(4): 55-64.

[8] 朱连奇. 日本环境保护现状及趋势[J]. 中国人口·资源与环境, 1999, 9(4): 107-109.

[9] Ormsbee L, Elshorbagy A, Zechman E. Methodology for pH total maximum daily loads: Application to beech creek watershed[J]. Journal of Environmental Engineering – ASCE, 2004, 130(2): 167-174.

[10] Rothenberg S E, Ambrose R F, Jay J A. Evaluating the potential efficacy of mercury total maximum daily loads on aqueous methylmercury levels in four coastal watersheds[J]. Environmental Science & Technology, 2008, 42(14): 5400-5406.

[11] Leonard Ortolano. Environmental Planning and Decision Making[M]. New York, 1984.

[12] Dilks D W, Freedman P L. Improved consideration of the margin of safety in total maximum daily load development[J]. Journal of Environmental Engineering – ASCE, 2004, 130(6): 690-694.

[13] 方晓波. 钱塘江流域水环境承载能力研究[D]. 杭州: 浙江大学, 2009.

[14] 张天柱. 区域水污染物排放总量控制系统的理论模式[J]. 环境科学动态, 1990(1): 1-23.

[15] 李嘉, 张建高. 水污染协同控制基本理论[J]. 西南民族学院学报(自然科学版), 2001(3): 258-264.

[16] 李嘉, 张建高. 论水污染协同控制基本原则[J]. 水利学报, 2002(1): 1-4.

[17] 张蕾. 东辽河流域水生态功能分区与控制单元水质目标管理技术[D]. 长春: 吉林大学, 2012.

[18] 张鹤. 辽河流域控制单元划分与典型污染物识别[D]. 沈阳: 辽宁大学, 2011.

[19] USEPA. Handbook for Developing Watershed Plans to Restore and Protect Our Waters

[EB/OL]. 2008, http://www. epa. gov/owow/nps/watershed_handbook.

[20] 郭宏飞,倪晋仁,王裕东.基于宏观经济优化模型的区域污染负荷分配[J].应用基础与工程科学学报,2003,11(2):133-142.

[21] 吴群河.区域合作与水环境综合整治[M].北京:化学工业出版社,2005.

[22] 毛晓文.江苏省水环境状况及水污染控制措施研究[D].南京:河海大学,2005.

[23] 孟伟,张远,郑丙辉.水生态区划方法及其在中国的应用前景[J].水科学进展,2007, 18(2): 293-300.

[24] 孟伟,张远,郑丙辉.辽河流域水生态分区研究[J].环境科学学报, 2007, 27(6): 911-918.

[25] 张荣保.典型平原河网地区污染负荷研究[D].南京:河海大学,2005.

[26] Singh V P. Computer models of watershed hydrology[M]. Highlands Ranch, CO, Water Resources Publications, 1995.

[27] Alexander R B., Johnes P J, Boyer E A, et al. A comparison of methods for estimating the riverine export of nitrogen from large watersheds[J]. Biogeochemistry, v. 2002, 57-58 (1): 295-339.

[28] Schwarz G E, Hoos A B, Alexander R B, et al. The SPARROW Surface Water-quality Model: Theory, Application and User Documentation[R]. U S Geological Survey Techniques and Methods Report, U S Geological Survey, Virginia, 2006.

[29] Caraco N F, Cole J J, Likens G E, et al. Variation in NO_3 export from flowing waters of vastly different sizes—Does one model fit all? [J]. Ecosystems, 2003, 6(4):344-352.

[30] Peierls B L, Caraco N F, Pace M L, et al. Human influence on river nitrogen [J]. Nature, 1991,350(6317):386-387.

[31] Howarth R W, Billen G, Swaney D, et al. Regional nitrogen budgets and riverine N and P fluxes for the drainages to the North Atlantic Ocean—natural and human influences[J]. Biogeochemistry, 1996, 35:75-139.

[32] White H. A heteroskedasticity-consistent covariance matrix estimator and a direct test for heteroskedasticity[J]. Econometrica,1980, 48(4): 817-838.

[33] Alexander R B, Smith R A, Schwarz G E. Effect of stream channel size on the delivery of nitrogen to the Gulf of Mexico[J]. Nature, 2000,403:758-761.

[34] Bricker S B, Clement C G, Pirhalla D E, et al. National estuarine eutrophication assessment—effects of nutrient enrichment in the nation's estuaries: U. S. Dept. of Commerce, National Oceanic and Atmospheric Administration[J]. National Ocean Service, 1999(1): 20-36, 155.

[35] Alexander R B, Elliott A H, Shankar U, et al. Estimating the sources and transport of nutrients in the Waikato River Basin, New Zealand[J]. Water Resource Research, 2002,38 (12), 1268-1290.

[36] Smith R A, Schwarz G E, Alexander R B. Regional interpretation of water-quality monitoring data[J]. Water Resource Research, 1997, 33: 2781-2798.

[37] 陈西平, 黄时达. 涪陵地区农田径流污染输出负荷定量化研究[J]. 环境科学, 1991 (3): 75-79.

[38] 李怀恩, 樊尔兰. 流域汇流计算的逆高斯分布模型[J]. 水利水运科学研究, 1994 (1): 147-151.

[39] 郝芳华, 杨胜天, 程红光, 等. 大尺度区域非点源污染负荷计算方法[J]. 环境科学学报, 2006, 26(3): 375-383.

[40] 龙天渝, 吴磊, 刘腊美, 等. 基盲数理论与 GIS 的小江流域吸附态磷污染负荷模拟研究[J]. 农业环境科学学报, 2009(9): 880-1887.

[41] 赵刚, 张天柱, 陈吉宁. 用 AGNPS 模型对农田侵蚀控制方案的模拟[J]. 清华大学学报(自然科学版), 2002(5): 702-707.

[42] 胡远安, 程声通, 贾海峰. 非点源污染的空间分割优化[J]. 清华大学学报(自然科学版), 2005, 45(3): 367-370.

[43] 万超, 张思聪. 基于 GIS 的潘家口水库面源污染负荷计算[J]. 水利发电学报, 2003 (3): 62-68.

[44] 刘玉芬. 滦河流域水文、地质与经济概况分析[J]. 河北民族师范学院学报, 2012, 32 (2): 24-26.

[45] 国家环境保护总局《水和废水监测分析方法》编委会. 水和废水监测分析方法(第四版)[M]. 北京: 中国环境科学出版社, 2002.

[46] 王娟, 付永胜, 易志刚, 等. 成都市温江区水质现状评价与水环境容量分析[J]. 工业安全与环保, 2006, 6(32): 30-31.

[47] 国家环保总局. 地表水环境质量标准: GB 3838—2002[S]. 北京: 中国环境科学出版社, 2002.

[48] 陆卫军, 张涛. 几种河流水质评价方法的比较分析[J]. 环境科学与管理, 2009, 34 (6): 174-176.

[49] 孟祥宇, 徐得潜. 流域水质评价模糊综合评判模型及其应用[J]. 环境保护科学, 2009, 35(2): 92-100.

[50] 彭文启, 张祥伟. 现代水环境质量评价理论与方法[M]. 北京: 化学工业出版社, 2005.

[51] 万金保, 侯得印, 万兴, 等. 模糊综合评价法在乐安河水质评价中的应用[J]. 环境工程, 2006, 24(6): 77-79.

[52] 王若恩, 王惠文. 多元统计数据分析[M]. 北京: 国防工业出版社, 1997.

[53] 王书转, 赵先贵, 肖玲. 秦岭北麓区域主要河流水质分析与评价[J]. 干旱区资源与环境, 2007, 21(8): 42-47.

[54] 徐祖信. 我国河流综合水质标识指数评价方法研究[J]. 同济大学学报(自然科学

版),2005,33(4):482-488.

[55] 尹海龙,徐祖信.河流综合水质评价方法比较研究[J].长江流域资源与环境,2008,17(5):729-733.

[56] 蔡金傍,李文奇,逄勇,等.洋河水库水质主成分分析[J].中国环境监测,2007,23(2):62-66.

[57] 张蕾.松辽流域省界缓冲区水质主成分分析[D].吉林:吉林大学,2010.

[58] Liu C W, Lin K H, Kuo Y M. Application of factor analysis in the assessment of groundwater quality in a Blackfoot disease area in Taiwan[J]. Sci. Total Environment. 2003,313(1-3), 77-89.

[59] Huang F, Wang X Q, Lou L P, et al. Spatial variation and source apportionment of water pollution in Qiantang River (China) using statistical techniques. Water Research. 2009,44(5):1562-1572.

[60] Zhou F, Huang G H, Guo H C,et al. Spatio-temporal patterns and source apportionment of coastal water pollution in eastern Hong Kong[J]. Water Research,2007, 41 (15):3429-3439.

[61] 郭智明.滦河十四个断面大型底栖无脊椎动物的调查和水质评价[J].环境科学,1984,5(4):39-44.

[62] 王所安,柳殿钧,曹玉萍.滦河水系的鱼类种群与分布[J].河北大学学报(自然科学版),1985(1):47-53.

[63] 王所安,王志敏,李国良,等.河北动物志·鱼类[M].石家庄:河北科学技术出版社,2001.

[64] 纪炳纯,王新华,罗阳,等.引滦工程上游底栖动物及其水质评价[J].南开大学学报(自然科学版),2006,38(1):18-24.

[65] 王琳,甘泓,傅小城,等.滦河中游干流底栖动物种类及分类[J].生态学杂志,2009,28(4):671-676.

[66] 黎洁,单保庆,宋芬,等.永定河和滦河水系浮游动物多样性调查与分析[J].华中农业大学学报,2011,30(6):768-774.

[67] 黄翔飞.湖泊生态调查观察与分析[M].北京:中国标准出版社,2000.

[68] 张鹤.辽河流域控制单元划分与典型污染物识别[D].沈阳:辽宁大学,2011.

[69] Jenson K, Dominique F O. Extracting Topographic Structure from Digital Elevation Data for Geographical Information System Analysis [J]. Photogrametric Engineering and Remote Sensing, 1988, 54(11):1593-1600.

[70] Johnson T E, Mcnair J N, Srivastava P,et al. Stream ecosystem responses to spatially variable land cover: an empirically based model for developing riparian restoration strategies [J]. Freshwater Biology, 2007, 52:680-695.

[71] Preston S D, Brakebill J W. Application of spatially referenced regression modeling for the

evaluation of total nitrogen loading in the Chesapeake Bay watershed[J]. U. S. Geol. Surv. Water Resour. Invest. Rep. , 1999, 99:405-412.

[72] Alexander R B, Smith R A, Schwarz G E, et al. Atmospheric nitrogen flux from the watersheds of major estuaries of the United States: An application of the SPARROW watershed model, in Nitrogen Loading in Coastal Water Bodies: An Atmospheric Perspective [J]. Coastal Estuarine Stud. , 2001, vol. 57, edited by R. Valigura et al. , pp. 119-170, AGU, Washington, D. C.

[73] 吴在兴,王晓燕. 流域空间统计模型 SPARROW 及其研究进展[J]. 环境科学与技术, 2010,33(9): 87-90,139.

[74] Moore R B, Johnston Cr M, Robinson K W, et al. Estimation of Total Nitrogen and Phosphorus in New England Streams Using Spatially Referenced Regression Models[R]. U. S. Geological Survey Scientific Investigations Report 2004-5012, 2005, 14(1-2): 101-111.

[75] McMahon G, Roessler C. A Regression-based Approach to Understand Baseline Total Nitrogen Loading for TMDL Planning[C]. Proceedings of Water Environment Federation National TMDL Science and Policy Conference, Phoenix, Arizona, Water Environment Federation, 2002.

[76] McMahon G, Alexander R B, Qian S. Support of Total Maximum Daily Load Programs Using Spatially Referenced Regression Models[J]. ASCE Journal of Water Resources Planning and Management, 2003, 129(4): 315-329.

[77] Alexander R B, Smith R A, Schwarz G E, et al. Differences in phosphorus and nitrogen delivery to the gulf of Mexico from the Mississippi River basin[J]. Environmental Science and Technology, 2008, 42(3), 822-830.

[78] 张颖, 刘学军, 张福锁, 等. 华北平原大气氮素沉降的时空变异[J]. 生态学报, 2006, 26(6): 1633-1639.

[79] 孟伟. 流域水污染物总量控制技术与示范[M]. 北京:中国环境科学出版社,2008.

[80] 车振海. 试论土壤渗透系数的经验公式和曲线图[J]. 东北水利水电,1995, 135(9): 17-19.

[81] 魏斌,张霞. 城市水资源合理利用分析与水资源承载力研究——以本溪市为例[J]. 城市环境与城市生态,1995,8(4):19-24.

[82] 韩俊丽. 城市水资源承载力研究现状及其趋势[J]. 资源开发与市场,2004,20(5): 353-355.

[83] 惠侠河. 二元模式下水资源承载力系统动态仿真模型研究[J]. 地理研究,2001,20 (2):191-198.

[84] 陈明忠. 水资源承载能力评价理论与方法研究[D]. 南京:河海大学,2005.

[85] 冯静冬. 包头市水资源承载能力分析及对策研究[D]. 包头:内蒙古大学,2010.

[86] 陈兴鹏,戴芹. 系统动力学在甘肃省河西地区水土资源承载力中的应用[J]. 干旱区

地理,2002,25(4):377-382.

[87] 陈冰,李丽娟,郭怀诚,等.柴达木盆地水资源承载方案系统分析[J].环境科学,2000,21(3):16-21.

[88] 张振伟,杨路华,高慧嫣,等.基于 SD 模型的河北省水资源承载力研究[J].中国农村水利水电,2008(3):21-22.

[89] 阿琼.基于 SD 模型的天津市水资源承载力研究[D].天津:天津大学,2008.

[90] 付一夫.基于 SD 模型的霍林郭勒市水资源承载力分析[D].呼和浩特:内蒙古农业大学,2010.

[91] Li Yingxia, QiuRuzhi, Yang Zhifeng,et al. Parameter determination to calculatewater environmental capacity in Zhangweinan Canal Sub-basin in China[J]. Journal of Environmental Sciences, 2010, 22(6): 904-907.

[92] 杨杰军,王琳,王成见,等.中国北方河流环境容量核算方法研究[J].水利学报,2009,40(2):194-200.

[93] 张俊.大沽河干流青岛段水环境容量研究[D].青岛:中国海洋大学,2003.

[94] 张永量,刘培哲.水环境容量综合手册[M].北京:清华大学出版社,1991.

[95] Su Baolin, Wang chengwen, Cheng Shengtong. Water environmental capacity atwatershed scale: a case study in the Yong River system[J]. IAHS Publ., 2009,335: 266-275.

[96] 富国.水环境容量模拟计算技术规范研究报告[M].北京:中国环境科学研究院,2006.